Felix Ulrich

Strukturierte Bleche im PKW-Bereich

GRIN Verlag

Bibliografische Information der Deutschen Nationalbibliothek:

Die Deutsche Bibliothek verzeichnet diese Publikation in der Deutschen Nationalbibliografie; detaillierte bibliografische Daten sind im Internet über http://dnb.d-nb.de/ abrufbar.

Impressum:

Druck und Bindung: Books on Demand GmbH, Norderstedt Germany
ISBN: 978-3-656-15800-4

Dieses Buch bei GRIN:

http://www.grin.com/de/e-book/191090/strukturierte-bleche-im-pkw-bereich

Fakultät 3
Maschinenbau, Elektrotechnik und
Wirtschaftsingenieurwesen

Brandenburgische
Technische Universität
Cottbus

Institut für Werkstoffe und Produktionsforschung

Lehrstuhl Konstruktion und Fertigung

Studienarbeit

Strukturierte Bleche im PKW-Bereich

Verfasser:

Felix Ulrich

Wirtschaftsingenieurwesen (PO 2006)
6.Fachsemester

Cottbus, 07.12.2011

Inhaltsverzeichnis

Abbildungsverzeichnis

Tabellenverzeichnis

Abkürzungsverzeichnis

AFS	Aluminium Foam Sandwich
APM	Advanced Pore Morphology
ASF	Audi Space Frame
BMBF	Bundesministerium für Bildung und Forschung
CFK	Kohlenstofffaserverstärkter Kunststoff
CO_2	Kohlenstoffdioxid
DP-W	Dual Phase Steel / Dualphasenstahl - warmgewalzt
FDS	Flow Drill Screw
FVK	Faserverstärkter Kunststoff
GFK	Glasfaserverstärkter Kunststoff
NOPAL	Akronym für geNOPptes ALuminium
NOSTAL	Akronym für geNOppter STAhL
PKW	Personenkraftwagen
TPN-W	Three Phase Nano Steel / Drei Phasen Nanostahl - warmgewalzt
TRIP	Transformation Induced Plasticity
VW	Volkswagen

1 Einleitung

Strukturierte Bleche eignen sich aufgrund ihrer hohen Stabilität als Material für den Leichtbau. Die hohe Festigkeit ermöglicht es Bauteile dünnwandiger zu gestalten und somit Gewicht zu reduzieren. Kern dieser Arbeit soll die Ermittlung des Potenzials von strukturierten Blechen für den automobilen Leichtbau sein. Um einen möglichst umfassenden Überblick zu schaffen, wird zuerst der Karosserieleichtbau im Allgemeinen betrachtet. Insbesondere die aktuellen Karosseriebauweisen und deren Einfluss auf den Leichtbau spielen dabei eine tragende Rolle. Durch den Einsatz moderner Werkstoffe haben sich die Karosseriebauformen weiterentwickelt und neue Ansätze, wie das Aluminium Space Frame Konzept, sind entstanden. Der Einbezug der verwendeten Materialien im Karosseriebau bildet daher eine Grundlage zum Verständnis der Zusammenhänge im Leichtbau. Neben den bekannten Techniken im Karosseriebau werden durch Innovationen immer wieder neue Impulse zur Verbesserung von Material, Fertigung und Konstruktion gesetzt. Daher folgt zum Abschluss des Karosserieleichtbaus eine Betrachtung aktueller Trends und Forschungsergebnisse im Bereich Automotive. Da der Schwerpunkt die Analyse des Einsatzpotenzials von strukturierten Halbzeugen ist, wird anschließend eine Vorstellung der aussichtsreichsten Bleche für den Gebrauch im Personenkraftwagen durchgeführt. Von besonderem Interesse sind hierbei die Effekte, welche sich durch einen Einsatz erzielen lassen. Die Wirkung der Eigenschaften des Halbzeugs ist für die spätere Implementierung in ein Bauteil von Bedeutung. Im 3. Abschnitt folgt die Prognose für die gezielte Integration von strukturierten Blechen in Bauteile oder Bauteilgruppen. Um möglichst aussagekräftige Anreize zu bieten, werden unter anderen konkrete Beispiele für Anwendungsfelder definiert. Dabei wird auf reale Umsetzungen aus der Automobilindustrie eingegangen. Zum Abschluss wird mittels Abwägung von Nutzen und Aufwand ein Urteil über die wirtschaftliche Einsatzfähigkeit von strukturierten Blechen gefällt.

2 Karosserieleichtbau im Bereich der PKW

Die Forderung nach einer Hülle, welche Insassen wirksam vor den Einflüssen des Wetters schützt, bestand schon bei von Pferden gezogenen Kutschen. Diese handgefertigten Aufbauten sind mit als Ursprung des Karosseriebaus zu sehen. Jedoch haben sich die Ansprüche an eine Karosserie mit der Weiterentwicklung über die Motorkutsche zu Motorwagen und PKW erheblich gesteigert. Durch die Realisierung längerer Wegstrecken stieg bspw. der Anspruch an den Reisekomfort. Es wurde versucht störende Einflüsse, die durch den Fahrbahnuntergrund, den Verbrennungsmotor und die Straßengeräusche verursacht wurden; zu unterdrücken. Gegen Mitte des 20. Jahrhunderts entstand die Erkenntnis, dass die Karosserie eine positive Wirkung auf die Sicherheit der Insassen haben kann. Zu dieser Zeit wurde auch der direkte Zusammenhang zwischen Aerodynamik und dem Verbrauch der Fahrzeuge erstmals in Betracht gezogen. Die Karosserie wurde damals noch separat gefertigt und galt lediglich als Aufbau für die Grundkonstruktion. Heutige Karosserien sind vollintegrierte Systeme, die in großem Maße Einfluss auf die Entwicklung eines neuen Fahrzeugs haben (Lang 2011, S. 13-14). Der Leichtbaugedanke wurde erstmals im Motorsport aufgegriffen. Dort ist das Leistungsgewicht, welches das Verhältnis aus Masse zur Motorleistung beschreibt, eine entscheidende Größe für den Erfolg eines Rennwagens. Ziel der Entwickler ist es, durch ein niedrigeres Leistungsgewicht eine möglichst große Beschleunigung zu realisieren. Im Straßenverkehr dient eine Verringerung des Gewichts in erster Linie der Senkung des Kraftstoffverbrauchs. Aufgrund der Ressourcenknappheit und der unsicheren Energieversorgung von Automobilen in der Zukunft, ist ein geringer Verbrauch zum K.O.-Kriterium bei der Wahl des PKWs durch den Kunden geworden. Zusätzlich haben die gesetzlichen Bestimmungen über den Grenzwert für CO_2 – Emissionen wesentlichen Einfluss auf die Weiterentwicklung des automobilen Leichtbaus. Aktuell ist die Ressourcenknappheit bei den Konstruktionswerkstoffen als wichtiger Faktor für Innovationen im Leichtbau zu nennen. Gewichtseinsparungen werden vermehrt durch alternative Materialien sowie durch effizientere Bauweisen realisiert (Kurek 2011, S. 25-26).

2.1 Bauweisen

Die Karosserie dient in erster Linie als Plattform für alle zu verbauenden Baugruppen. Sie enthält die Aufnahmen für Motor, Antriebsstrang, Fahrwerk und sämtliche Anbauteile. Den Insassen dient die Karosserie zusätzlich zum Schutz vor allen ungewünschten, äußeren Einflüssen. Aktuelle Bauweisen sind in Abbildung 1 zu sehen. Basierend auf der Fahrgastzelle ist die Konstruktion zweckmäßig wie ein Hohlkörper aufgebaut. Dieser muss in der Lage sein, den auf ihn einwirkenden Kräften und Drehmomenten entgegen zu wirken. In diesem Zusammenhang ist die Biegesteifigkeit als wichtige Kenngröße zu nennen. Sie gibt Auskunft über die Fähigkeit der Konstruktion, Torsion und Verwindung zu widerstehen. Aufgrund der konstanten Krafteinwirkung während des Betriebs eines PKWs, muss dieser eine ausreichend hohe „Steife" besitzen. Zum einen ist die statische Steifigkeit zu nennen. Hierbei handelt es sich um die erforderliche Kraft, die Längsachse des Fahrzeugs um 1° zu verbiegen. Bei gewöhnlichen Kraftfahrzeugen kann der Wert der statischen Steifigkeit bis zu 50.000 Nm/rad betragen. Zum anderen besitzt jede Karosserie eine dynamische Steifigkeit.

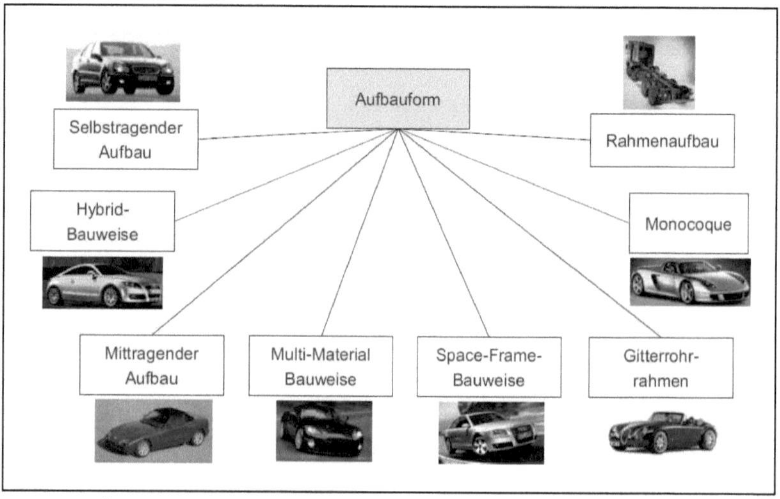

Abbildung 1: Übersicht der PKW Aufbauformen

(Quelle: Wallentowitz/Freialdenhoven/Olschewski 2009, S. 128)

Der Motor und das Fahrwerk eines Fahrzeugs verursachen Schwingungen, die im Bereich von 1,5 Hz liegen. Schwingt die Tragstruktur des PKW mit einer ähnlich niedrigen Eigenfrequenz, kann es zum Aufschaukeln kommen und die Schwingung wird als Bewegung spürbar. Um diesem Effekt vorzubeugen, werden Karosserien mit möglichst hohen Eigenfrequenzen entwickelt. Diese dämpfen die Schwingungen ab und steigern dadurch den Fahrkomfort. Bei Limousinen liegt die Eigenfrequenz bei ca. 50 Hz. Die Weiterentwicklung von Karosseriebauweisen trägt dazu bei den Wert der Steifigkeit zu erhöhen. Damit soll ein besseres Fahrverhalten und gleichzeitig einen hoher Komfort gewährleistet werden. Durch den Einsatz von Leichtbautechnologie entstehen besondere Herausforderungen während der Entwicklung neuer Bauweisen. Die Erhaltung der nötigen Steifigkeit bei geringerer Masse aber gleichem Fahrverhalten und Komfort ist als eine zu nennen (Lang 2011, S. 15-16).

2.1.1 Schalenbauweise

Bei dieser Art der Bauweise bilden Antrieb, Fahrwerk und Karosserie eine gemeinsame Struktur. Der Rahmen wird dabei so konstruiert, dass sich die Konstruktion selbst trägt und die Aufnahmepunkte für die Komponenten schon integriert sind. Durch die Einbindung zusätzlicher Funktionen können weitere Bauteile vermieden werden. Das führt zu einer Reduzierung des Gesamtgewichts. Abbildung 2 zeigt eine Rohkarosserie in Schalenbauweise (Wallentowitz/Freialdenhoven/Olschewski 2009, S. 128-129).

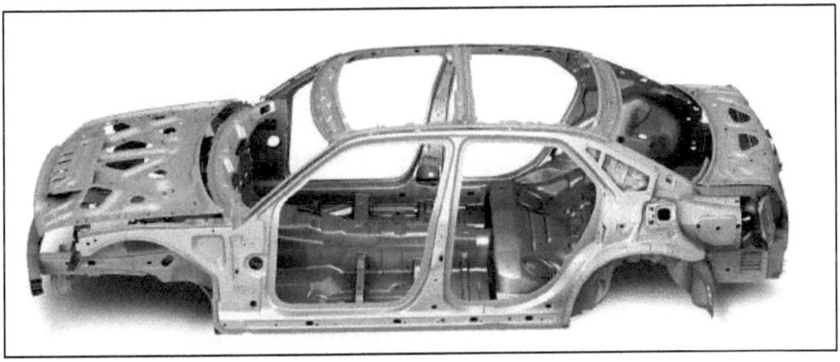

Abbildung 2: Selbsttragende Schalenbauweise
(Quelle: Pinder 2011)

Neben der Funktionsintegration werden bei der Schalenbauweise ebenfalls Bauteile für mehrere Fahrzeugvarianten geplant. Ziel ist es, die Kosten für die Entwicklung der Komponenten durch einen modellübergreifenden Einsatz zu minimieren. Die weitreichendste Form dieser Bauweise ist die Plattform. Basierend auf einer Grundstruktur von Karosserieelementen können hierbei individuelle Fahrzeuge gebaut werden. Das Fertigen einer Karosserie in der Schalenbauweise stellt hohe Anforderungen an die Fügetechnik, da erst durch geeignete Fügeverfahren aus den einzelnen Komponenten eine tragende Struktur entsteht. In der Regel werden zum Fügen Schweißen, Nieten und Kleben als Techniken genutzt. Aufgrund der kostengünstigen Fertigung und des modellübergreifenden Einsatzes von Komponenten ist die Schalenbauweise die am weitesten verbreitete Karosserieform (Friedrich et. al. 2008, S. 312-313).

2.1.2 Mischbauweise

Die Mischbauweise ist unter dem Begriff Multi-Material-Bauweise bekannt. Wie der Name sagt, werden bei der Konstruktion der Bauteile mehrere Materialien genutzt. Ziel der Werkstoffkombination ist es, die positiven Merkmale jedes verwendeten Werkstoffs in eine Komponente mit einfließen zu lassen. Die Grundlage beim Planen eines Bauteils bildet immer die Fragestellung: Welches ist das richtige Material für die umzusetzende Anforderung? Der Material-Mix kann positive Wirkungen auf Festigkeit, Steifigkeit sowie auf das Gewicht der Karosserie haben. Allerdings ergeben sich einige Nachteile durch unterschiedliche Konstruktionswerkstoffe. Es entstehen zusätzliche Kosten in der Beschaffung, der Materialforschung sowie beim Recycling der Fahrzeuge. Neben diesen Kostenfaktoren ist die Fügetechnik bei der Nutzung mehrerer Materialien aufwändiger. Die Karosserie des neuen Mercedes SL wurde in Mischbauweise gefertigt. Die Rohkarosserie mit den unterschiedlichen Bauteilgruppen ist in Abbildung 3 dargestellt (Wallentowitz/Freialdenhoven/Olschewski 2009, S. 131).

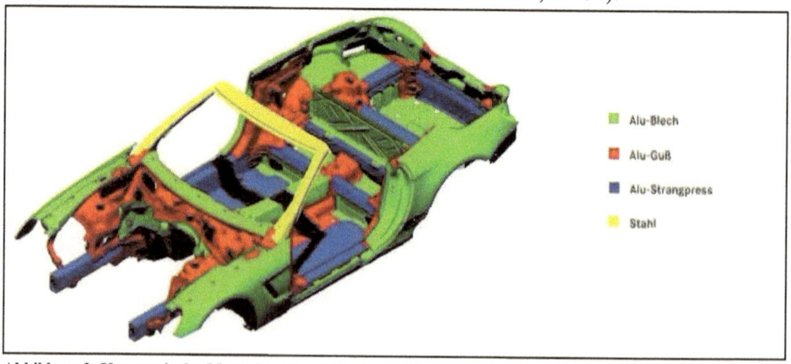

Abbildung 3: Karosserie des Mercedes SL in Mischbauweise

(Quelle: Autohaus 2011)

Beispiele für die Umsetzung einer Mischbauweise sind Schaumwerkstoffe und Kunststoffstrukturen zur Verstärkung von Bauteilen. Durch das Ausschäumen von Hohlprofilen kann die Festigkeit und Steifigkeit dieser Profile erhöht werden. Weiterhin kann deren Gewicht bei gleicher Festigkeit und Steifigkeit gesenkt werden. Die Kunststoffstrukturen werden meist an besonders beanspruchten Stellen in die Bauteile eingebracht. Durch die lokale Verwendung wird die Stabilität ausschließlich an der gewünschten Stelle, ohne das Gewicht unnötig zu steigern, erhöht. Eine innovative Lösung ist die Beplankung von Komponenten mit Faserverbundkunststoffen. Jedoch zielt diese Mischbauweise eher auf eine erhöhte Lebensdauer und Korrosionsschutz ab. Wird eine Fertigung in Mischbauweise in Betracht gezogen, sollte detailliert zwischen Aufwand durch Kosten der Fügeverfahren und Nutzen durch bessere Bauteileigenschaften abgewogen werden (Friedrich et. al. 2008, S. 313-314).

2.1.3 Space Frame

Das durch Audi entwickelte Space Frame Konzept basiert auf drei Arten von Bauteilen. Zur Fertigung der Karosserie werden Strangpressprofile, Gussteile und Bleche eingesetzt. Die Grundlage wird durch die Profile gebildet, welche einen Sicherheitskäfig um die Fahrgastzelle bilden. An den Enden der Strangpressprofile dienen die Gussteile als Verbindungselemente. Das Grundgerüst wird letztendlich mit Blechen beplankt. In Abbildung 4 zeigt die Rahmenstruktur eines Space Frame.

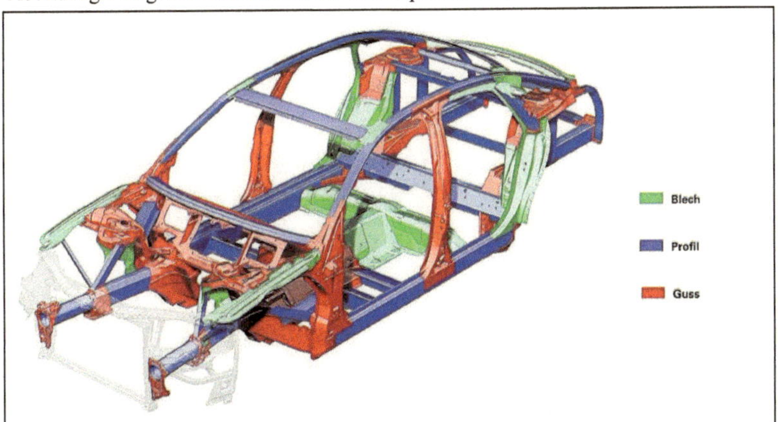

Abbildung 4: Aluminium Space Frame des Audi A8
(Quelle: KUES-Magazin 2011)

Die entstandene, tragende Struktur bietet die Voraussetzung für Anbauteile in der Modulbauweise. Eine Besonderheit dieses Konzepts ist die Konstruktion aller einzelnen Bauteile als tragendes Element. Selbst Flächenteile werden tragend ausgelegt, sodass die Steifigkeit und Festigkeit der Gesamtkonstruktion steigt bzw. Gewicht eingespart wird. Generell ist eine hohe Integration von zusätzlichen Funktionen die Regel. Aufgrund der Gestaltung der Karosserie aus zahlreichen Einzelelementen können diese je nach Anforderung ideal angepasst werden. Eine grundlegende Veränderung der Konstruktion ist nicht nötig. Diese Art der Bauweise führt somit zwar zu erheblichem Mehraufwand in der Entwicklung und der Fertigung der Baugruppen, allerdings ergeben sich in Verbindung mit den richtigen Werkstoffen hohe Einsparpotenziale beim Gewicht (Wallentowitz/Freialdenhoven/ Olschewski 2009, S. 131).

2.1.4 Monocoque

Unter Monocoque ist eine Sonderform der Schalenbauweise, in der die Fahrgastzelle aus einer einzigen Schale geformt ist, zu verstehen. Alle auftretenden Kräfte wirken daher ausschließlich auf die Außenhaut der Schale. Sie zeichnet sich durch eine besonders hohe Steifigkeit bei geringem Gewicht aus. Die Steifigkeit ist zum Teil baulich bedingt, jedoch haben die bevorzugt verwendeten Faserverbundkunststoffe auch erheblichen Einfluss auf diese Eigenschaft. Zudem kann erst durch die Fasermaterialien eine optimale Gewichtsreduzierung erzielt werden.

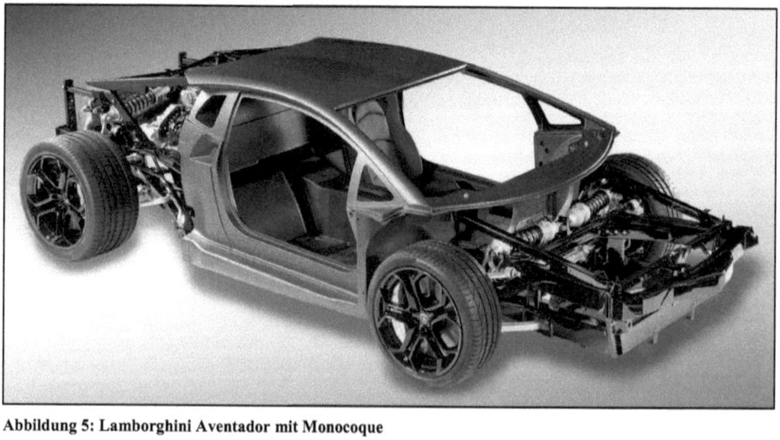

Abbildung 5: Lamborghini Aventador mit Monocoque

(Quelle: Carbodydesign 2011a)

Monocoques schöpfen demnach erst durch das effiziente Zusammenspiel von Konzept- und Werkstoffleichtbau einen Großteil ihres Potenzials aus (Wallentowitz/ Freialdenhoven/Olschewski 2009, S. 132). Bisher wird diese Art der Bauweise vorwiegend im Rennsport sowie in Luxussportwagen genutzt, da diese sehr kostenintensiv ist. Die hohen Werkstoffkosten, das aufwändige Fertigungsverfahren sowie die Anpassung von bestehenden Komponenten an die neuartige Bauweise lassen maximal eine Fertigung in Kleinserie zu. Beispiele für in Kleinserie gefertigte Luxussportwagen mit einem Monocoque sind der McLaren SLR, der Bugatti Veyron sowie der in Abbildung 5 abgebildete Lamborghini Aventador (Friedrich et. al. 2008, S. 311).

2.2 Werkstoffe

Die knapper werdenden natürlichen Ressourcen und der daraus resultierende Preisanstieg für Rohstoffe fordern in den kommenden Jahren eine erhebliche Steigerung der Materialeffizienz. Ein notwendiger Schritt auf diesem Weg ist die Etablierung von Leichtbauwerkstoffen. Durch neue Materialien und deren Kombination ergeben sich Potenziale zur Einsparung von herkömmlichen Rohstoffen sowie zur Gewichtsreduktion der Gesamtkonstruktion. Als Beispiele aus der Anwendung sind Faserverbundwerkstoffe sowie Multimaterialsysteme zu nennen. Die aktuellen Trends im Stoffleichtbau sind meist etablierte Technologien aus der Luft- und Raumfahrt. Im Flugzeugbau gilt seit jeher ein besonderes Augenmerk auf Gewichts- und Energieersparnis. Diese Innovationen kann der Automotive-Bereich nun für sich nutzen (Kress 2011, S. 64). Neben den neuen Technologien kommt der Wandel im Karosseriebau den neuen Werkstoffen zugute. Es werden immer mehr Varianten eines Fahrzeugs gefertigt und eine Vielzahl von Nischenmodellen ist aktuell auf dem Automobilmarkt zu finden. Das hat zur Folge, dass eine geringere Stückzahl pro Karosserie gefertigt wird. Dadurch werden die neuen Werkstoffe konkurrenzfähiger im Vergleich zu den Herkömmlichen. Die Wirkung wird beim Vergleich von Stahl und faserverstärkten Kunststoffen deutlich. Beim Stahl ist zwar das Material günstig, jedoch die Form sehr teuer. Im Gegensatz dazu ist FVK sehr teuer, aber die Formgebung ist relativ günstig. Der Kostenvorteil von Stahl relativiert sich also mit sinkender Stückzahl aufgrund der hohen Fixkosten. Der Einsatz innovativer Werkstoffe rentiert sich unter diesen Voraussetzungen demnach schon heutzutage. Durch die Weiterentwicklung der Herstellungs- und Fertigungsverfahren kann den Anforderungen der Zukunft mit effizienten Werkstoffkonzepten begegnet werden (Rosenow 2011, S. 354).

2.2.1 Aluminium

Nach der Entwicklung eines geeigneten Herstellungsverfahrens im Jahr 1886 tritt Aluminium erstmals 1899 auf der Internationalen Motorwagenaustellung in einem Fahrzeug in Erscheinung. Ausgehend von diesem Zeitpunkt entwickelt sich die Fahrzeugindustrie zu einem der Hauptabnehmer von Aluminium. Neben der Nutzung für PKW wächst auch im Rennsport die Nachfrage nach dem Leichtmetall. In den 30er Jahren tragen die Mercedes „Silberpfeile“ mit ihren unlackierten Aluminium-

Karosserien zur Steigerung des Bekanntheitsgrads des Werkstoffs bei. Ein späteres Modell, der Mercedes 300SL, hatte in den 50er Jahren schon einen Anteil von über 90 kg Aluminium. Das entsprach zehn Prozent des gesamten Fahrzeuggewichts (bbr 09/2000, S. 14-17). Seit dieser Zeit hat der Anteil von Aluminium unter dem Gesichtspunkt der Gewichtsreduzierung im Automobilbau stark zugenommen. Die vielversprechendsten Komponenten mit Einsparpotenzial sind dabei z.B. Karosserieelemente wie Türen, Hauben, Kotflügel und Strukturbauteile wie Trägerprofile und Stoßfänger (Ostermann 2007, S. 31). Die Verwendung von Aluminium als Leichtbauwerkstoff ist für die Werkstoffforschung und Werkstofftechnik mit großem Aufwand verbunden. Die hohe Bedeutung des Leichtbaus fördert jedoch den technologischen Fortschritt in diesem Bereich. Audi hat beispielsweise eigens zur Erforschung des Leichtbaucharakters von Aluminium ein Aluminium- und Leichtbau-Zentrum am Standort Neckarsulm errichtet (Ostermann 2007, S. 40). Der Einsatz von Aluminium im Automobilbau richtet sich stark nach der Größe der zu bauenden Serie. Je nach Seriengröße fallen andere Investitionskosten für die Werkzeuge der zu fertigen Teile an. Blechformteile bedürfen eines hohen Investitionsaufwandes und eignen sich deswegen für die Großserienproduktion, wohingegen Strangpressprofile die geringsten Kosten verursachen und daher für Kleinserien geeignet sind (Ostermann 2007, S. 31). Um eine effektive Nutzung aller Bauteilgruppen in mittleren Seriengrößen sicherzustellen, hat Audi das in Abbildung 6 dargestellte ASF-Konzept (Audi Space Frame) entwickelt.

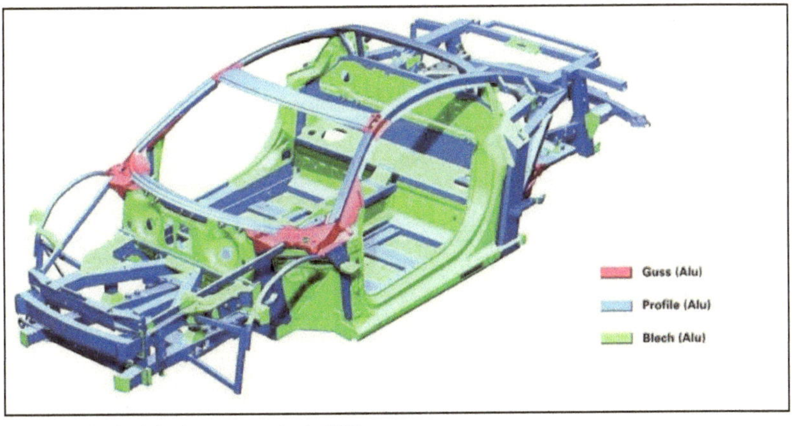

Abbildung 6: Aluminiumbaugruppen des Audi R8

(Quelle: Carbodydesign 2011b)

Die Konstruktion basiert auf dem Prinzip der Mischbauweise. Es werden hierbei sowohl Strangpressprofile als auch Formgussteile und Blechformteile in der Karosserie verbaut (Ostermann 2007, S. 32). Mit dieser Art der Konstruktion werden Gewichtsvorteile, im Vergleich zu ähnlichen Stahlkonstruktionen, von bis zu vierzig Prozent erzielt. Dies gelingt ebenfalls durch gezielt abgestimmten Fügeverfahren wie Stanznieten oder Laserstrahlschweißen. Die Gewichtszunahme durch das beim Fügen zugeführte Material ist bei ganzheitlichem Leichtbau nicht zu vernachlässigen. Zusammenfassend besteht der größte Vorteil des Verfahrens im gezielten Einsatz des richtigen Bauteils am richtigen Ort. Das soll heißen, dass das Potenzial zur Gewichtseinsparung genau dort ausgeschöpft wird, wo es wirklich benötigt wird (Ostermann 2007, S. 32-35). Die gängigen Legierungen mit Aluminium im Karosseriebau sind AlMg-Legierungen und AlMgSi-Legierungen. Der Einsatz von Magnesium in der Legierung ermöglicht schwierige Umformoperationen, eignet sich jedoch nicht für sichtbare Außenhautteile, da beim Umformen sichtbare Fließfiguren entstehen. AlMgSi-Legierungen finden vornehmlich Anwendung bei der Auslegung von Strangpressprofilen (Ostermann 2007, S. 36). Die Produktion der Bauteile kann in den gleichen Anlagen unter Verwendung der gleichen Prozesse wie bei Stahlwerkstoffen erfolgen. Daraus ergeben sich Kostenvorteile, welche durch komplexe Kompatibilitätsprobleme allerdings wieder kompensiert werden. Die nötigen Anpassungen beziehen sich u.a. auf die empfindliche Oberfläche des Materials, die undefinierbare Oxidschicht und die zusätzlich erforderliche Schmierung. Die Beschichtung des Halbzeugs ist zwar schon etabliert, aber eine Werkzeugbeschichtung zum Schutz dieser ist ebenso wichtig. Durch die Anwendung von Trockenschmierstoffen konnte dem Problem der zusätzlichen Schmierung begegnet werden. Die Gesamtheit der Maßnahmen zur Anpassung führen allerdings zu erheblichen Mehrkosten in der Produktion. Es bedarf der Weiterentwicklung aller Anlagen und Prozesse, um die Nutzung von Aluminium im Karosseriebau wirtschaftlicher zu gestalten (Ostermann 2007, S.39-40).

2.2.2 Faserverstärkte Kunststoffe (FVK)

Faserverstärkte Kunststoffe sind hybride Werkstoffe, die sich aus Faserwerkstoffen und der sie umgebenden Matrix zusammensetzen. Die Matrix besteht zumeist aus Polymerharz und nimmt je nach Anwendungsfeld unterschiedliche Formen an. Bei den Fasermaterialien existieren neben den hauptsächlich verwendeten Glasfasern und

Kohlenstofffasern noch Aramidfasern sowie Polyethylenfasern (Liedtke 2002, S. 10). **Glasfaserverstärkter Kunststoff** (GFK) wurde zum ersten Mal während des 2. Weltkriegs genutzt, da zu dieser Zeit ein Mangel an Leichtbaumaterial wie Aluminium bestand. Seit damals hat sich der GFK zu dem am weitesten verbreiteten Faserverbundwerkstoff entwickelt. Diese Stellung behauptet dieser u.a. aufgrund des günstigen Preis-Leistungs-Verhältnisses. Die Herstellung der Glasfasern erfolgt üblicherweise im Düsenziehverfahren. Dabei wird die 1250^{0}C heiße Glasschmelze durch eine Düse gepresst und mit ca. 50 m/s auf eine Spule aufgezogen. Die dünnen Filamente werden in eine Imprägnierflüssigkeit, in der Praxis Schlichte genannt, getaucht und zu einem Roving zusammengefasst. Ein Roving ist ein Bündel aus parallel zueinander verlaufenden, gestreckten Fasern. Die so entstandene Glasfaser besitzt zwar eine geringe Steifigkeit, kann jedoch mit einer hohen Festigkeit aufwarten. Es wird grob in drei wichtige Fasertypen unterschieden. Zum einen das E-Glas, welches zu neunzig Prozent im Verbund integriert ist, wenn von GFK gesprochen wird. E steht hierbei für elektrisch, da es hauptsächlich in der Elektroindustrie eingesetzt wurde. Das R- oder S-Glas zielt auf die englischen Begriffe „strength" und „resistance" ab und bezieht sich auf höherfestes Glas. Zudem existiert noch M-Glas, wobei sich das M auf das hohe E-Modul dieses Stoffes bezieht. Es gibt einige, weitere Unterscheidungen, jedoch sind diese drei die wesentlichen Glasfasertypen (Liedtke 2002, S. 12-13). **Kohlenstofffaserverstärkter Kunststoff** (CFK) ist im Motorsport weit verbreitet und wird für eine Vielzahl von Bauteilen eingesetzt. Jedoch wurden die Kohlenstofffasern ursprünglich zur Nutzung als Glühfaden für elektrische Birnen entwickelt. In den 60er Jahren kam durch die Luft- und Raumfahrttechnik vermehrt das Bedürfnis nach einem hochfesten und leichten Werkstoff auf. Dadurch, dass CFK diesen Forderungen zur Genüge nachkam, konnte sich der Werkstoff zu dieser Zeit im Leichtbau etablieren. Die Kohlenstofffasern werden aus dem Ausgangsmaterial, dem Precursor, hergestellt. Dieser ist eine Vorstufe der Faser und besteht meist aus spinnbaren, textilen Stoffen, wie z.B. Polyacrylnitril. Auf die Prozessschritte Stabilisierung, Oxidation, Karbonisierung, Graphitierung und Oberflächenbehandlung folgt die Verarbeitung zur fertigen Kohlenstofffaser. Mit den erzeugten Fasern sind sehr steife und hochfeste Verbundwerkstoffe realisierbar, jedoch ist die Nutzung aufgrund des hohen Preises eingeschränkt. Es lassen sich verschiedenste Typen von Karbonfasern unterscheiden, die alle einer Systematik folgen. Die Charakterisierung wird anhand der Eigenschaften E-Modul (modulus), Zugfestigkeit (tensile) und Bruchdehnung (strain) vorgenommen.

Einige Beispiele für gängige Typen sind HT-Fasern, HM-Fasern und HST-Fasern. HT steht für „high tenacity" und deutet auf die hohe Zugfestigkeit der Faser hin, wohingegen HM, „high modulus" bedeutet und auf das hohe E-Modul abzielt. Eine HST-Faser (high strain tenacity) ist eine Weiterentwicklung und besitzt eine verbesserte Zugfestigkeit und Bruchdehnung. In der folgenden Tabelle 1 sind Kennzahlen der wichtigsten Glas- und Kohlenstofffaserarten dargestellt (Liedtke 2002, S. 13-14).

Werkstoff	Fasertyp	E-Modul [GPa]	Zugfestigkeit [Gpa]	Bruchdehnung [%]	Dichte [10^3 kg/m^3]	Filamentdurchm. [µm]	Max. Einsatztemp. [°C]	Ausdehn. koeff. [10^6/K]	Preis [EUR/kg]
Glas	E	73	3,4 - 3,5	3,3 – 4,8	2,55	3 - 25	200	5 - 6	2 - 3
	R/S	86 - 88	4,4 – 4,7	4,2 – 5,4	2,49 – 2,53	3 - 25	250	4	
	M	125	7,0	5,5		10			
Kohlenstoff	HT	228 - 240	2,7 – 3,6	1,2 – 1,5	1,74 – 1,80	7 – 8	500	-0,1 - -0,7	≈ 25
	HM / UHM	350 - 490	2,0 – 3,2	0,4-0,8	1,79 – 1,91	6,5 - 8	500	-0,5 - -1,3	
	HS / HST	230 - 270	3,9 – 7,0	1,7 – 2,4	1,78 – 1,83	5 - 7	500	-0,1 - -0,7	
	IM	280 - 400	3,0 - 5,9	1,1 – 1,9	1,73 – 1,80	5 - 7	500		
	HMS	550	3,6	0,7	1,85	5	500		

Tabelle 1: Eigenschaften von Glasfaser und Kohlenstofffaser
(Quelle: Liedtke 2002, S. 12-13)

Zur Herstellung einer Faserstruktur werden viele tausend Filamente zusammengefasst und dann zu einem Roving gesponnen. Dieses Roving gleicht rein optisch einem herkömmlichen Faden und bildet das Grundgerüst für das gewünschte Bauteil. Es bedarf jedoch einer Vielzahl von Rovings, um eine stabile Struktur zu erzeugen. Die Grundstruktur wird auch als textiles Halbzeug bezeichnet und kann als Gelege, Gewebe oder Matte in die Matrix eingebettet werden. Beim Gelege werden die Fasern mehrschichtig in lediglich eine Richtung gelegt, beim Gewebe über Kreuz verwoben und bei der Matte in alle Richtungen willkürlich ausgerichtet. Je nach Faser, Grundstruktur und Matrix ergibt sich eine Vielzahl von Anwendungsfeldern. Neben der Luft- und Raumfahrtechnik, für die sie entwickelt wurden, finden diese Werkstoffe mittlerweile auch in Bootsrümpfen, Flügeln für Windkraftanlagen, Silos sowie als Halbzeug in der Automobilindustrie Verwendung (Liedtke 2002, S. 10). Der Einsatz von FVK im Automobilbau ist momentan nur begrenzt möglich, da die Kosten für solche Werkstoffe eine Verwendung in der Großserie noch nicht zulassen. Dennoch ist das Potential dieser Werkstoffe für den Leichtbau enorm. Aufgrund der geringen Dichte bietet ein auf Kunststoff basierender Werkstoff gute Vorrausetzungen für erhöhte

Energie- und Ressourceneffizienz. Die eingearbeiteten Fasern bilden zusammen mit dem Kunststoff einen Werkstoff, der zum Teil bessere mechanische Eigenschaften als metallisches Material besitzt. Ein großer Vorteil ist die Freiheit bei der Gestaltung der Bauteile sowie die flexible Verarbeitung. Jedoch ist der technologische Entwicklungstand in der Konstruktion und Simulation solcher Bauteile für einen effizienten Einsatz noch nicht ausgereift. Es fehlt somit die Basis zur Entwicklung von geeigneten Fertigungsverfahren für die Großserie. Ein neuer Ansatz zur Vermeidung dieser Nachteile ist die lokale Verwendung von FVK zur Verstärkung von vorher verschmälerten Blechen. In Abbildung 7 sind Ergebnisse der Auslegung einer Bodengruppe mit dem genannten Verfahren zu sehen (ATZ 04/2011, S. 256-257).

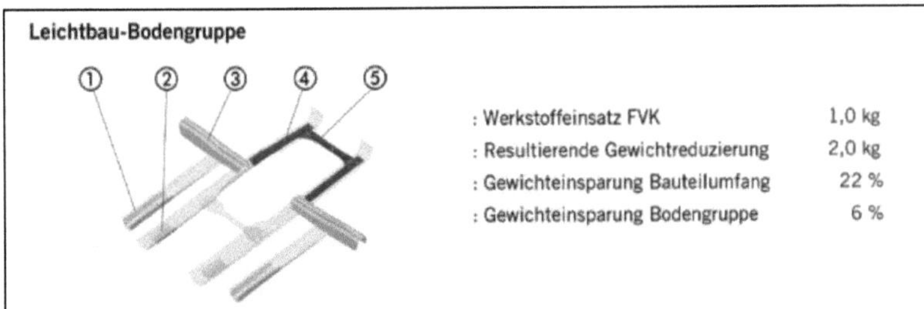

#	Verstärkung	Blechdicke	FVK-Dicke	Gewichtsreduktion	
1	Längsträger unten (r/l)	-33%	1,5mm (GFK)	0,55 kg	24%
2	Tunnelverstärkung vorne (r/l)	-37%	1,0mm (GFK)	0,96kg	35%
3	Sitzquerträger (r/l)	-50%	1,5mm (GFK)	0,45kg	23%
4	Tunnelverstärkung hinten (r/l)	-9%	2,0mm (CFK)	0,00kg	0%
5	Tunnelbrücke hinten	-25%	2,5mm (CFK)	0,13kg	16%

Abbildung 7: Auslegung einer Leichtbau-Bodengruppe mit FVK
(Quelle: ATZ 04/2011, S. 260)

Aus dieser Hybridbauweise ergibt sich eine Lösung, welche Vorteile beider Werkstoffe nutzt. Die Herstellung des Bauteils aus dünnerem Blech erfordert keinen zusätzlichen Aufwand, da sie die vorhandenen Fertigungsverfahren nutzt. Die verhältnismäßig geringe Menge an lokal zu verbauendem FVK reduziert den sonst erheblichen Anstieg an Werkstoffkosten (ATZ 04/2011, S. 256-257). Das Verfahren eignet sich besonders zur Verstärkung von tragenden Strukturen im PKW, da dort auftretenden Blechdicken für eine Verschmälerung in Frage kommen und bei diesen Bauteilen ein besonderer Bedarf an Steifigkeit besteht. Beispiele für den Einsatz sind Quer- und Längsträger, Dachrahmen, A-, B- und C-Säule sowie Schwellerprofile (ATZ 04/2011 S. 261).

2.2.3 Magnesium

Das Leichtmetall wurde erstmals 1852 durch Robert Wilhelm Bunsen mittels Elektrolyse in Reinform gewonnen. Genau 110 Jahre später fand es in einem PKW als Bauteil Verwendung. VW nutzte im damaligen Modell Käfer insgesamt 17 kg Magnesium, u.a. für Getriebegehäuse, Kurbelgehäuse und verschiedene Deckel. Dadurch wurde eine Gewichtseinsparung von ca. 50 kg im Vergleich zu Stahlbauteilen erzielt. Später wurde das Material fast vollständig vom Aluminium verdrängt. Erst durch den neu aufgekommenen Leichtbaugedanken wird dem Werkstoff wieder ein höherer Stellenwert eingeräumt (Klein 2000, S. 6-7). Magnesium ist der leichteste metallische Werkstoff, der für Konstruktionen im Pkw in Frage kommt. Mit einer Dichte von 1,74 g/cm^3 entspricht das Leichtmetall somit den Erfordernissen des modernen Stoffleichtbaus. Statt Werkstoffen mit einer hohen Dichte sollten besser leichte Materialien mit hoher Festigkeit und Steifigkeit genutzt werden. Neben dem Gewichtsvorteil im Vergleich zu anderen Metallen besitzt Magnesium, wenn es in Reinform vorliegt, jedoch schlechte mechanische Eigenschaften. Daher wird es überwiegend in Form von Legierungen genutzt. Die am häufigsten genutzten Elemente für Magnesiumlegierungen sind Aluminium, Mangan und Zink. Aluminium dient wie Zink der Erhöhung der Zugfestigkeit des Materials, wobei Zink auch noch die Gießbarkeit fördert. Die Zugabe von Mangan in eine Legierung bewirkt eine Verbesserung der Korrosionsbeständigkeit. Eine der bekanntesten und am häufigsten genutzten Magnesiumlegierungen ist $MgAl_9Zn_1$. Hinter der Bezeichnung verbergen sich die Legierungszusätze und deren prozentualer Anteil. Die oben genannte Legierung hat einen Anteil von ca. neun Prozent Aluminium und ca. ein Prozent Zink. Die bekanntesten Legierungen mit den dazugehörigen Kennwerten sind in Tabelle 2 dargestellt (Kleiner 2002, S. 19-23). Bisher wurden Magnesiumbauteile vorwiegend gegossen. Der Einsatz von Blechen aus Magnesium ist erst in geringem Maße erfolgt, da eine Verarbeitung in den vorhandenen Walzwerken für Aluminium oder Stahl mit Problemen behaftet ist. Die Bleche werden zum Beispiel durch Partikel vom vorher verarbeiteten Material verunreinigt. Es existieren mittlerweile aber eigenständige Anlagen, in denen Coils (gewalzte Bleche auf Rollen) mit üblicher Größe und Außenhautbleche von hoher Oberflächengüte produziert werden. Bei der Umformung ergeben sich jedoch einige Nachteile. Das Umformverhalten bei der Kaltumformung ist mangelhaft und das Ausweichen auf warme Verfahren ist mit zusätzlichem Aufwand verbunden (Automobil Produktion 01/2011, S. 50-51). Neben diesen Nachteilen ist darauf einzugehen, dass bei der Weiterverarbeitung von Magnesiumbauteilen besonders auf den Brandschutz zu achten ist. Die kompakten Bauteile sind zwar problemlos, jedoch sollten entstandene Späne und Pulver nicht in trockener Form vorliegen. Durch das hohe Verhältnis von Oberfläche zu Volumen können sich Magnesiumspäne schon bei Bearbeitungstemperaturen von ca. 500 ^{0}C in Anwesenheit von Sauerstoff entzünden. Aufgrund dieser Tatsache wird die Nassbearbeitung bevorzugt, bei der meist Öle oder Emulsionen eingesetzt werden. Trotz der genannten Nachteile und aufwändiger Zusatzmaßnahmen ist Magnesium als Leichtbauwerkstoff nicht zu vernachlässigen. Die Wirtschaftlichkeit des Leichtmetalls kann noch erheblich gesteigert werden, da die Mängel fast ausschließlich auf das Know-How-Defizit in der Be- und Verarbeitung zurückzuführen ist (Kleiner 2002, S. 26-28).

Werkstoff	**Herstellungsart**	**E-Modul [GPa]**	**Zugfestigkeit [MPa]**	**Bruchdehnung [%]**
GD-MgAl9Zn1	Druckguss	45	230	3
GK-MgAl9Zn1	Kokillenguss	45	275	6
G-MgAl9Zn1	Sandguss	45	275	6
MgAl3Zn1	Knetwerkstoff	45	260	15
MgAl3Zn1	Blech	45	290	15
MgAl6Zn1	Knetwerkstoff	45	310	16

Tabelle 2: Eigenschaften von Magnesiumlegierungen
(Quelle: Ruge/Wohlfahrt 2007, S. 138)

Mögliche Anwendungen für Magnesiumbleche sind Dachquerträger, Instrumententafeln, Heck- und Motorklappen sowie Dächer. Da das Material auch unter Verwendung von Mangan noch korrosionsanfällig sein kann, sollten die Bauteile beschichtet werden (Automobil Produktion 01/2011, S. 50-51).

2.2.4 Metallschaum

Metallschäume basieren auf einem metallischen Werkstoff. Jedoch werden die stofflichen Eigenschaften des jeweiligen Ausgangsstoffs soweit verändert, dass ein neuer innovativer Werkstoff entsteht. Dieser bietet durch seine geringere Dichte und dem daraus resultierendem Gewichtsverlust eine geeignete Grundlage für den stofflichen Leichtbau. Als Basiswerkstoff können niedrig schmelzende Metalle wie Aluminium und Magnesium oder auch Zink- und Nickellegierungen dienen. Bei den genannten Materialen ist die Herstellung sowohl schmelzmetallurgisch als auch pulvermetallurgisch möglich. Auf Eisen und Stahl basierende Metallschäume lassen sich geeigneter durch Pulvermetallurgie herstellen, da aufgrund der hohen Temperaturen das Treibmittel in der Schmelze nicht effektiv nutzbar ist.

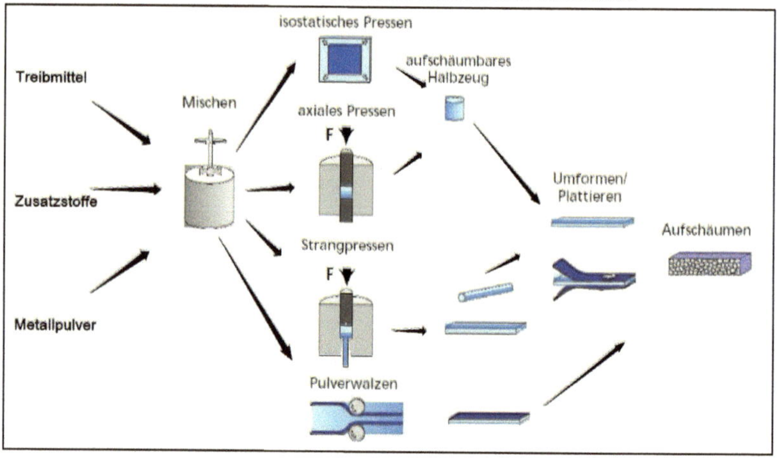

Abbildung 8: Pulvermetallurgische Herstellung von Metallschaum
(Quelle: Frauenhofer Institut 2011a)

In Abbildung 8 sind die Abläufe des pulvermetallurgischen Verfahrens detailliert dargestellt. Bei diesem Verfahren wird zur Produktion des gewünschten Metallschaums ein Metallpulver mit einem geeigneten Treibmittelpulver zu einem homogenen Gemisch vermengt. Dieses Pulvergemisch wird zusammengepresst und es entsteht ein weiteres nutzbares Vormaterial. Das Vormaterial ist der eigentliche Ausgangsstoff zur Erzeugung des Metallschaums. Durch das Zuführen von Wärmeenergie wird das Treibmittel aktiviert und Gas freigesetzt. Sobald die Temperatur den Schmelzpunkt des Metalls erreicht hat, expandiert das Gas die flüssige Masse und es entsteht flüssiger Metallschaum. Dieser wird erst abgekühlt, wenn die gewünschte maximale Expansion erreicht ist, da der feste Metallschaum nur bei einer ausreichend großen Ausdehnung die geforderten Steifigkeitsmerkmale hat. Um das Material in der erforderlichen Geometrie zur Weiterverarbeitung zu erhalten, kann das „Aufbacken" in einer Form erfolgen. Ein Anwendungsfeld der mit diesem Verfahren erstellten Metallschäume, ist zum Beispiel die Verstärkung von hohlen Strukturbauteilen. A-Säulen können dünner dimensioniert werden und die fehlende Festigkeit wird durch den Schaum kompensiert. Denkbar ist auch der Einsatz in crashrelevanten Bauteilen, um die Aufprallenergie zu absorbieren. In Abbildung 9 ist ein solches, mit Metallschaum gefülltes Hohlbauteil zu sehen.

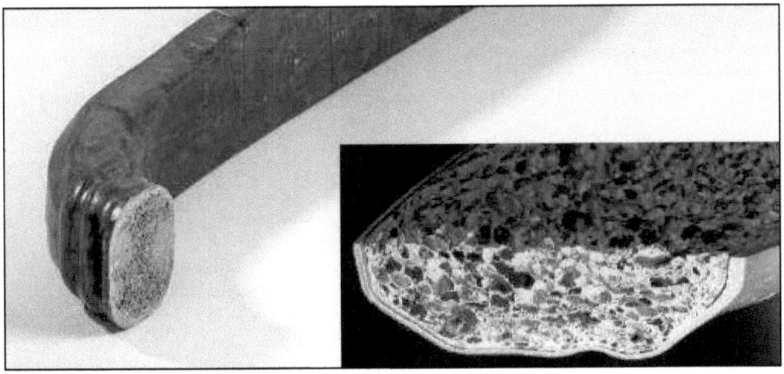

Abbildung 9: Ausgeschäumter Stoßfänger
(Quelle: Frauenhofer Institut 2011b)

Neben der hohen Steifigkeit und Energieabsorbtion ergeben sich aus der Form weitere Vorteile. Das Material ist einfach zu recyceln, nicht entflammbar und dämpft sowohl Schall als auch Vibrationen. Der große Nachteil ist die geringe Erfahrung in der Anwendung und die daraus resultierenden Kosten. Um den durch aufwendige Prozesse verursachten finanziellen Aufwand zu vermeiden, wurde eine weitere Form des Metallschaums entwickelt. APM-Schaum (Advanced Pore Morphology) basiert auf dem gleichen Herstellungsprinzip wie pulvermetallurgisch hergestellter Metallschaum. Abbildung 10 zeigt ein Grundelement und ein mit APM-Schaum ausgelegtes Sandwich.

Abbildung 10: Pulvermetallurgische Herstellung von Metallschaum
(Quelle: Frauenhofer Institut 2011a)

Das Vormaterial besitzt jedoch eine granulare Grundform. Der fertige Schaum setzt sich aus vielen kleinen, kugelförmigen Metallschaumelementen zusammen. Diese werden mit thermoplastischem Kleber überzogen und bilden nach dem Erhitzen einen Verbund mit einem Hohlbauteil oder kommen als Kernschicht in einem Sandwich zum Einsatz. Der APM-Schaum besitzt überwiegend gleiche Eigenschaften und verursacht durch die verhältnismäßig simple Prozesskette weniger Produktionskosten als herkömmlicher Metallschaum (ke - Konstruktion & Engineering 10/2007, S. 44-45).

2.2.5 Stahl

Die Automobilindustrie ist einer der größten Abnehmer für Stahl. In Deutschland beträgt die abgesetzte Menge an Stahlprodukten für den Fahrzeugbau ca. dreißig Prozent vom Gesamtabsatz. Diese starke wirtschaftliche Bindung bildet die Grundlage für die stetige Weiterentwicklung von Stahl. Ein weiterer Grund für den hohen Innovationsgrad von Stahlprodukten ist die Konkurrenz durch alternative Werkstoffe im Karosseriebau. Durch moderne Mischbauweisen hat die Verwendung von Leichtmetallen und Kunststoffen stark zugenommen. Um diesem Trend entgegenzuwirken, werden ständig neue hoch- und höchstfeste Stahlsorten entwickelt. Der entscheidende Wettbewerbsvorteil von Stahl ist dabei das Festigkeitspotenzial. Aufgrund erhöhter Stabilität kann die Dicke von Blechen reduziert werden und es wird eine Gewichtseinsparung bei gleicher Belastbarkeit ermöglicht. So kann der Stahl den Anforderungen des Leichtbaus gerecht werden (VDI Nachrichten 11/2004, S. 28). Ein aktuelles Beispiel für wirtschaftlichen Leichtbau mit Stahl bietet das Ergebnis einer Kooperation von ThyssenKrupp und JFE-Steel. Die beiden Unternehmen haben ihr Know-How vereint und entwickelten Bleche mit einer Festigkeit von 780 bis 900 MPa (N/mm^2). Der neue Werkstoff trägt die Bezeichnung TPN-W. Hinter dieser Abkürzung versteckt sich sinngemäß der Begriff Dreiphasen-Nanostahl. Das W sagt aus, dass es sich um warmgewalzte Bleche handelt. Die drei Phasen werden durch Ferrit, Bainit und Restaustenit gebildet. Abbildung 11 verdeutlicht anhand eines ausgelegten Längsträgers grafisch die Gegenüberstellung eines Dualphasenstahls mit dem neuen Werkstoff TPN-W 780 (Industrieanzeiger 04/2011 S. 45). Eine Besonderheit dieser Kombination ergibt sich aus dem TRIP-Effekt (TRIP – Transformation Induced Plasticity). Dieser Effekt besagt, dass metastabiles Restaustenit durch das Einbringen von Umformungsenergie in Martensit umgewandelt wird. Austenit weist eine kubisch-flächen-zentrierte Gestalt auf, wohingegen Martensit eine stabilere, kubisch-raum-zentrierte Struktur hat. Ein aus diesem Werkstoff gefertigtes Bauteil erreicht demnach erst nach der Umformung seine maximale Festigkeit (Röcker 2008, S. 35). Neben diesem Effekt wurden auch Erfahrungen mit Karbidausscheidungen im Nanometerbereich bei der Entwicklung genutzt. Die besagten Ausscheidungen steigern die Festigkeit des sonst relativ weichen Ferrits. Basierend auf diesen beiden Technologien wurde ein Werkstoff entwickelt, der mit aktuellen höchstfesten Stählen mithalten kann und eine vierzig Prozent höhere Bruchdehnung besitzt. Die Automobilbranche kann sich diese beiden Eigenschaften zunutze machen, um den aktuellen Ansprüchen an den Leichtbau mit effizienten Lösungen zu begegnen.

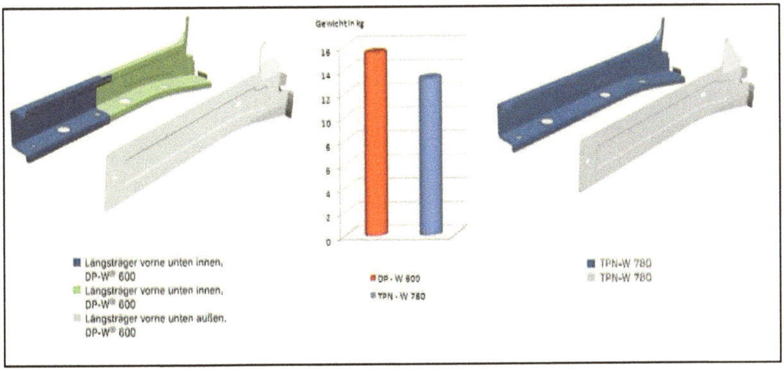

Abbildung 11: Längsträger Vergleich DP-W 600 und TPN-W 780
(Quelle: ThyssenKrupp 2011a)

Die Stabilität des Blechs ermöglicht die Gestaltung dünnwandiger Bauteile und bewirkt somit eine Verringerung der Masse. Zusätzlich können bei der Gestaltung von Bauteilen neue Potenziale genutzt werden, da durch das gute Umformverhalten komplexere Geometrien ermöglicht werden (Industrieanzeiger 04/2011 S. 45).

2.3 Trends

Im Automobilbau kann ganzheitlicher Leichtbau nur unter Einsatz modernster Technologien bewerkstelligt werden. Die Weiterentwicklung von Werkstoffen, Fertigungsverfahren und Bauweisen erfordert ein umfassendes Konzept, um Vorteile aller Innovationen effizient nutzen zu können. Der gestiegene Anteil von Werkstoffen wie Aluminium, Magnesium und Faserverbundkunststoffen fördert z.B. den Einsatz neuartiger Fügeverfahren wie Vollstanznieten und Clinchen. Aus einer Weiterentwicklung im stofflichen Leichtbau kann demnach eine Innovation in der Fertigungstechnik hervorgehen. Ebenso kann der Einsatz vieler unterschiedlicher Materialien in einer Mischbauweise zu neuen Karosseriekonzepten führen. Das Multimaterialdesign ist etablierter Stand der Technik und nutzt stoffliche Vorteile der Materialien genau dort, wo sie gebraucht werden.

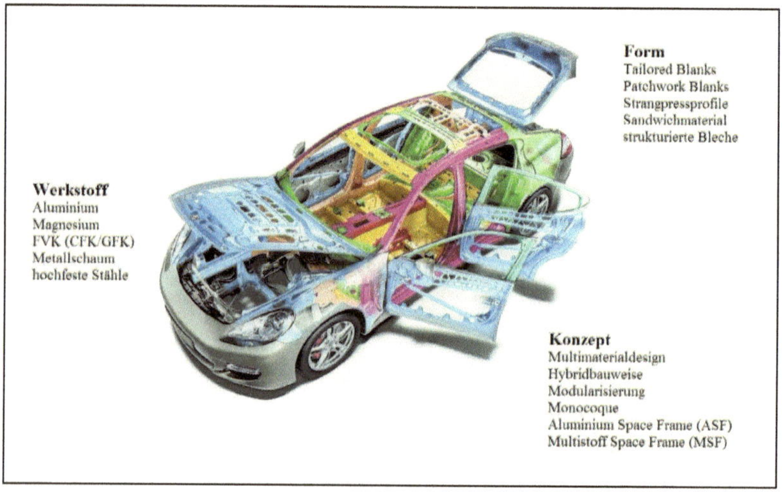

Abbildung 12: Aktuelle Einflüsse auf den Leichtbau im Automobilbereich

(Quelle: eigene Darstellung in Anlehnung an ATZ 2011)

Abbildung 12 zeigt aktuelle Trends im Bereich der Karosserietechnik. Diese werden hierbei in die drei Gruppen Werkstoff, Form und Konzept unterteilt. Diese Einteilung beruht auf den drei Arten des Leichtbaus - Stoffleichtbau, Formleichtbau und Konzeptleichtbau. Die Gewichtsoptimierung im Kraftfahrzeugbau wird durch Komfortansprüche und Anforderungen an die Crashsicherheit stetig weiter vorangetrieben. Jedoch steckt die große Herausforderung der Zukunft in der Elektromobilität. Rein elektrische Antriebe und Hybridlösungen bringen ein erhebliches

Zusatzgewicht mit sich. Die durch Akkumulatoren verursachte Gewichtssteigerung kann nur durch Leichtbau kompensiert werden. Der Einsatz von Leichtbaulösungen bewirkt jedoch eine Steigerung der Kosten. Um den Kostenfaktor auf ein wettbewerbsfähiges Niveau zu drücken, müssen alle Potenziale genutzt werden. Es genügt demnach nicht, die Werkstoffeigenschaften zu verbessern. Es ist ebenso erforderlich, Bauteile mit hoher Funktionsintegration zu konstruieren. Dazu werden Fertigungsverfahren, welche in der Lage sind die Konstruktion mit den gewählten Werkstoffen umzusetzen, benötigt. Sollten diese Bauteile in der Karosserie mit anderen Materialien gefügt werden, bedarf es außerdem eines geeigneten Fügeverfahrens. Jede Neuerung bringt somit eine Verbesserung der anderen Bereiche des Leichtbaus mit sich (Klose 2010, S. 17).

2.3.1 Tailored Blanks / Patchwork Blanks

Tailored Blanks sind, wie der Name schon sagt, maßgeschneiderte Bleche. Je nach Bedürfnis kann der Produzent, welcher bei dieser Technologie ThyssenKrupp ist, Bleche für den Automobilbauer vorbereiten. Dies reicht teilweise bis zur Vorfertigung einzelner Bauteilgruppen in Modulform. Ein auf Kundenwunsch vorbereitetes Blech besteht mindestens aus zwei Einzelblechen. Diese werden kontinuierlich gefügt und ergeben dann eine Platine. Ursprünglich wurde jedes Blech einzeln umgeformt und dann zu einem Bauteil gefügt. Das verursacht zusätzlichen Aufwand durch längere Rüstzeiten und komplexere Fügekanten. Als Fügeverfahren wird daher Laserstrahlschweißen genutzt. Durch die hohe Fügegeschwindigkeit sowie den hohen Automatisierungsgrad eignet es sich für eine kostengünstige Produktion. Außerdem ist es ein materialschonendes Verfahren, da es kaum Wärmebeeinflussung gibt. Bei den Blechen sind unterschiedliche Stahlsorten möglich, die auch in ihrer Dicke und Beschichtung variieren können. Das Ausformen des Bauteils in der Presse wird unter minimaler Umstellung des Ziehprozesses bewerkstelligt. Dies wirkt sich wiederum positiv auf die Herstellungskosten aus. Durch den variablen Einsatz von Stahl in unterschiedlichen Güten und Dicken ist eine optimale Auslegung der Bauteile für auftretende Belastungen möglich. Einsatzfelder für Tailored Blanks sind Strukturbauteile wie Träger, Seitenteile und Fahrzeugböden sowie bewegliche Anbauteile wie Türen und Klappen. Der bevorzugte Werkstoff ist bisher Stahl, da unterschiedliche Materialien komplexere Anforderungen an die Fügeverfahren und den

Korrosionsschutz stellen. In Abbildung 13 sind Beispielanwendungen für Tailored Blanks und Patchwork Blanks zu sehen. (Korves/Mohrbacher 2003, S. 31).

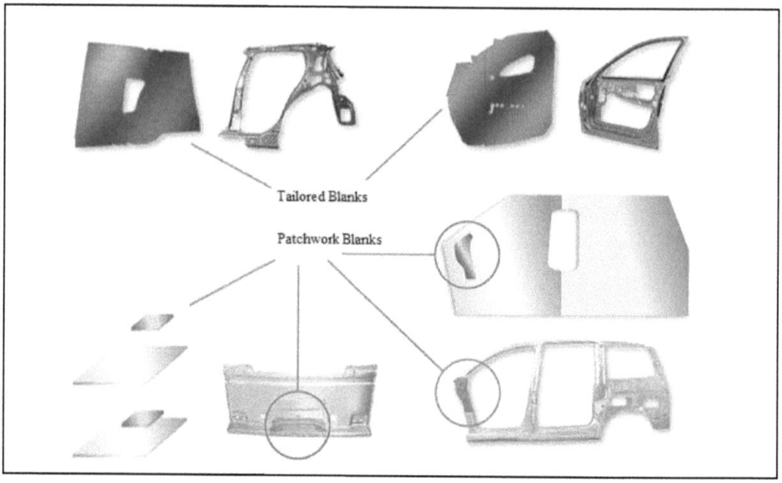

Abbildung 13: Anwendungen für Tailored Blanks und Patchwork Blanks
(Quelle: ThyssenKrupp 2011b)

Patchwork Blanks sind eine Produktvariante der Tailored Blanks. Wie bei den Tailored Blanks werden mindestens zwei Bleche zu einer Platine verbunden. Der Unterschied besteht darin, dass zusätzliche Einzelbleche (Patches) nicht an die sondern auf die Grundplatine geschweißt werden. Das Blech wird wie gewöhnlich umgeformt und an der Stelle mit dem Patch entsteht ein verstärkter Bereich des Bauteils. Dadurch können besonders beanspruchte Zonen an der Karosserie stabiler gefertigt werden. Die Einzelbleche werden für gewöhnlich, durch Wiederstandschweißen punktuell oder mittels Laserstrahlschweißen, an den Kanten rundum, angebracht. Eine innovative Lösung ist das Einprägen von Erhebungen, auf denen die Patches verschweißt werden. Aufgrund des Freiraums kann Lack zwischen die Bleche fließen und es besteht ein besserer Korrosionsschutz an den Fügestellen. Zusätzlich ist das Blech durch die eingeprägte Struktur deutlich steifer als ein glatt aufliegendes Blech. Neben dem Schweißen ist das Kleben eine denkbare Alternative. Da der Kleber auf die gesamte Kontaktfläche aufgebracht wird, ist Korrosion kein Thema. Ein positiver Nebeneffekt ist die schwingungsdämpfende Wirkung des Klebers. Anwendung finden Patchwork Blanks bei Scharnieren, Schlössern und Trägerverstärkungen. Durch beide Verfahren können zusätzliche Teile und nachträgliche Verstärkungen vermieden und somit effektiv Gewicht eingespart werden. Die maßgeschneiderten Produkte aus Stahl sind also eine gute Alternative zu neuartigen Werkstoffen (Handge, Lothar 2008, S. 114).

2.3.2 Hybridbauweise

Bei der Hybridbauweise werden zwei unterschiedliche Materialien bei der Fertigstellung eines Bauteils verwendet. Da der Leichtbauaspekt immer wichtiger wird, werden die im Karosseriebau genutzten Stähle meist mit Leichtmetallen kombiniert. Das Forschungsprojekt „Wing“ des BMBF befasst sich mit genau dieser Thematik und entwickelt hybride Karosseriebauteile. Ein Beispiel für den Erfolg des Projekts ist ein serienreifer Dachquerträger für den Porsche Cayenne. In Abbildung 14 ist der ursprüngliche Träger als Stahlbauteil mit den dazugehörigen Kennwerten dargestellt.

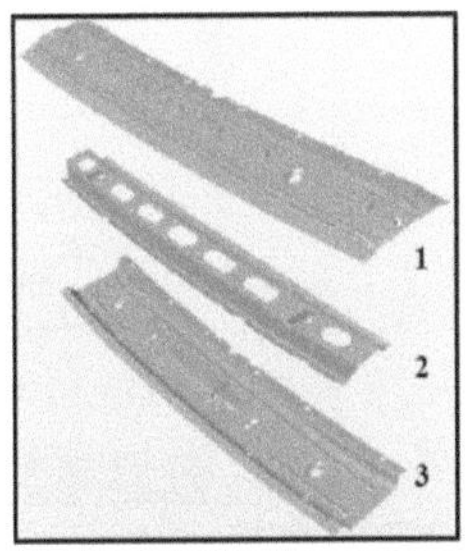

Porsche Cayenne - Dachquerträger ursprüngliches Stahlbauteil

#	Material	Masse
1	Stahlblech	1,86 kg
2	Stahlblech	1,18 kg
3	Stahlblech	1,67 kg
		4,71 kg

Abbildung 14: Dachquerträger des Porsche Cayenne mit Kennwerten
(Quelle: KSM - Castings 2010)

Innerhalb des Projektes wurde dieser mit der neuartigen Hybridtechnologie „Variostruct“ gefertigt. Dieses Verfahren zeichnet sich durch Gewichtseinsparung, erhöhte Stabilität und geringere Kosten aus. Die Grundlage bei der Fertigung bildet ein umgeformtes Blech, welches Anlageflächen bietet und dem Bauteil die Struktur vorgibt. Das Blech wird in ein Gusswerkzeug eingelegt und dann mit einem Leichtmetall entweder teilweise angegossen oder ganz umgossen. Der Guss bietet bei der Gestaltung des Bauteils hohe Freiheitsgrade. Es ist möglich die Gussstruktur so auszulegen, dass stabilisierende Rippen entstehen. Das Resultat ist ein fertiges Bauteil, bei dem das Stahlblech die Hauptlast übernimmt und der Guss zusätzliche Stabilität bei geringerem Gewicht erzeugt. Für den Dachquerträger des Porsche Cayenne ergeben sich durch die Anwendung des Verfahrens neben einer Gewichtsreduktion um achtundzwanzig Prozent auch eine Verminderung des Querschnitts um zwanzig Prozent. Es werden die Vorteile beider Werkstoffe sowie des Druckgussverfahrens ideal kombiniert. Das neue Variostruct-Bauteil mit den dazugehörigen Kennwerten ist in Abbildung 15 zu sehen.

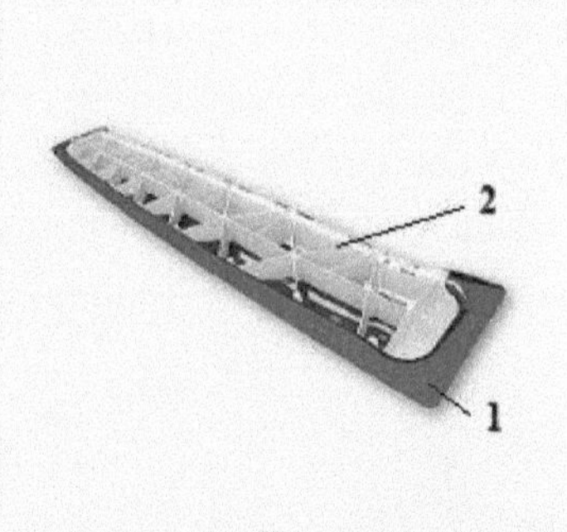

Porsche Cayenne - Dachquerträger
Variostruct Bauteil

#	Material	Masse
1	Trip 780	1,99 kg
2	AlSi9Mn	1,60 kg
		3,4 kg

Abbildung 15: Variostruct Querträger mit Kennwerten
(Quelle: Variostruct 2010)

Neben dieser Anwendung eignet sich das Verfahren grundsätzlich für 2 Arten von Bauteilen. Komponenten im Rohbau wie A-, B- und C-Säulen, Schweller Längs- und Querträger sind eine Anwendungsmöglichkeit. Andererseits eignen sich ebenfalls Montageteile wie Instrumententafelträger und Sitzstrukturen für dieses Verfahren (Gerstl 2011, S. 56-57).

2.3.3 Sandwichwerkstoffe

Die Funktion von Sandwichmaterialien liegt darin, das Gewicht eines Bauteils aus herkömmlichem Blech zu senken. Dies wird durch eine leichte Kernlage erreicht, die zwischen zwei dünnere Bleche eingebracht wird. Unter Beibehaltung der vorgegebenen Steifigkeit kann die Dicke vom Blechwerkstoff und somit auch die Masse verringert werden. Ein Beispiel dafür ist das Aluminium Foam Sandwich (AFS). Die Decklagen dieses Sandwich bestehen aus Blechen gewöhnlicher Aluminiumlegierungen. Diese werden zusammen mit einer Kernlage aus expandierbarem Aluminium zu einem

Verbund gepresst. Das Sandwichblech kann durch herkömmliche Umformungsverfahren zu einem komplexen Bauteil geformt und dann durch Wärmebehandlung in seine endgültige Form gebracht werden. Aufgrund der Temperatureinwirkung schäumt das Kernmaterial auf und erhöht die Steifigkeit des Bauteils ohne eine Gewichtszunahme. Da die aufgeschäumten Sandwichbleche sich im Bereich der Dicken von Karosserieblechen bewegen, ist ein Einsatz als alternativer Werkstoff denkbar. Abbildung 16 zeigt das Aluminium-Foam Sandwich in Ausgangslage und aufgeschäumt, sowie ein Stahl-Polymer Sandwich (Baumeister/Stöbener 2007, S. 44-45).

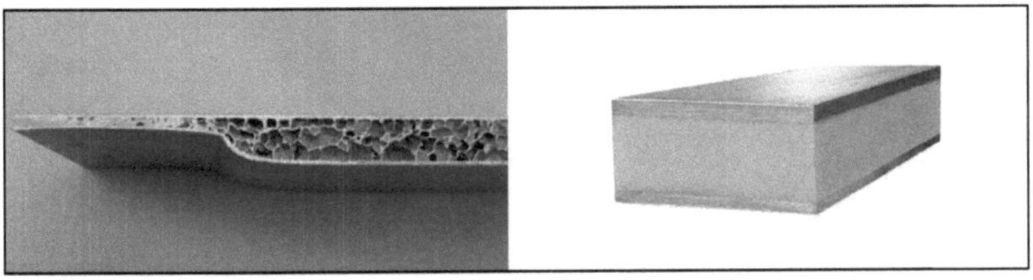

Abbildung 16: Aluminium Foam Sandwich / Stahl-Polymer Sandwich
(Quelle: Metalfoam 2011/ BASF 2011)

Neben den expandierbaren Materialien sind auch Polymere als Kernlage möglich. Aufgrund ihrer geringen Dichte eignen sie sich gut zur Gewichtsreduktion und sie haben den Vorteil, günstiger als Leichtmetalle zu sein. Ein Verbund aus Stahl und Kunststoff der Firma BASF ist gerade in der Erprobung. Das Sandwichblech für eine Dachaußenhaut besteht aus zwei Stahldecklagen und einer Polymerkernlage. Das Material weist zwar eine Zunahme der Dicke von dreiunddreißig Prozent auf, jedoch konnte das Gewicht um achtunddreißig Prozent vermindert werden. Dazu kommt, dass eine Dachquerstrebe eingespart wird, da das Verbundmaterial steifer ist. Ein Nachteil ist der erhöhte Preis. Die Konstruktion ist sechzig Prozent teurer als das reine Stahlblech. Trotzdem bietet das Sandwich eine günstige Alternative zu Leichtbaumaterialien. Grundsätzlich ist der Werkstoff für alle großflächigen Bauteile wie Dächer, Türen und Klappen geeignet. Die Anforderungen an die Festigkeit dieser Teile kann durch den Einsatz von Blechen unterschiedlicher Dicke und Güte erreicht werden (Goroncy 2011, S. 8).

2.3.4 Kleben

Unter den Fügeverfahren im Automobilbau hat das industrielle Kleben ein großes Potenzial für den Leichtbau. Der vermehrte Materialmix stellt hohe Anforderungen an thermische und mechanische Fügeverfahren und macht ein Ausweichen auf Kleben in einigen Fällen unausweichlich. Bei der mechanischen Verbindung von Stahl und Aluminium mittels Nieten, Clinchen oder Schrauben ist dies beispielsweise der Fall. Aufgrund des unterschiedlichen elektrochemischen Potenzials kommt es an den anliegenden Flächen zu Korrosion. Auch bei der thermischen Verbindung durch die bekannten Schweißverfahren entsteht ein negativer Effekt. Die intermetallischen Verbindungen, die in der Fügezone entstehen, schwächen die Verknüpfung. Werden die beiden Werkstoffe durch die physikalischen Effekte der Adhäsion und Kohäsion (Kleben) verbunden, können diese Probleme vermieden werden. Der Kleber wirkt wie eine Isolationsschicht und verhindert ein Zusammentreffen der Werkstoffe und somit die Korrosion. Weitere Vorteile sind z. B. die Abdichtung gegen Feuchtigkeit, der hohe Automatisierungsgrad, variable Aushärtzeiten sowie die erhöhte Kraftaufnahme im Crashfall. Im Automobilbau wird das Aushärten des Klebers häufig beim aufbrennen der Farbe in den Lacköfen umgesetzt. Da zwischen Kleben und Aushärten noch einige Fertigungsschritte liegen können, wird zusätzlich das Punktschweißen genutzt um die Bauteile zu fixieren. Besteht keine Möglichkeit auf das Punktschweißen zurückzugreifen, kann gegebenenfalls Infrarotlicht oder Induktion zur Beschleunigung des Aushärtprozesses verwendet werden. Je nach Anforderung können die Eigenschaften des Klebers stufenweise von hochfest und starr zu weich und flexibel variieren. Die Festigkeit einer Klebeverbindung liegt dabei jedoch maximal bei 12 MPa. Daher sollte bei der Planung von Fügestellen vermieden werden auf Stoß zu kleben. Eine hohe Zugfestigkeit lässt sich durch ausreichende Überlappung an der Klebestelle erreichen. Die ideale Belastungsart am geklebten Bauteil ist Zugscherbelastung. Schäl- oder Spaltbelastung stellen für Klebstoffe eine ungünstige Beanspruchung dar und sollten schon bei der Planung des Bauteils vermieden werden. Kann das Problem nicht konstruktiv gelöst werden, dann kann durch eine dickschichtige Klebung die Elastizität erhöht und die Kraft flächiger verteilt werden. Aufgrund der flexiblen Anwendung und variablen Anpassung an nötige Anforderungen, eignet sich das Kleben gut als Fügeverfahren für den Leichtbau in der Automobilbranche (Stumpp 2011, S. 62-63).

2.3.5 Flow Drill Screw – Verschraubung

Unter dem Begriff FDS-Verschraubung werden Schraubverbindungen durch Fließloch formende Schrauben verstanden. Das heißt, die Schraube formt ihr Loch mit dazugehörigem Gewinde beim Eindringen ins Material selbst. Beim Fügen wird die Schraube mit hoher Drehzahl und einer Anpresskraft im Bereich von 1,5 kN gegen die Bauteiloberfläche gedrückt. Dadurch wird das Material leicht angeschmolzen und die Schraube kann eindringen. Nachdem das Fließloch spanlos geformt wurde, wird die Drehzahl gedrosselt und die Schraube furcht das Gewinde in die Schmelze. Das Verfahren der FDS-Verschraubung ist in Abbildung 17 Schritt für Schritt dargestellt.

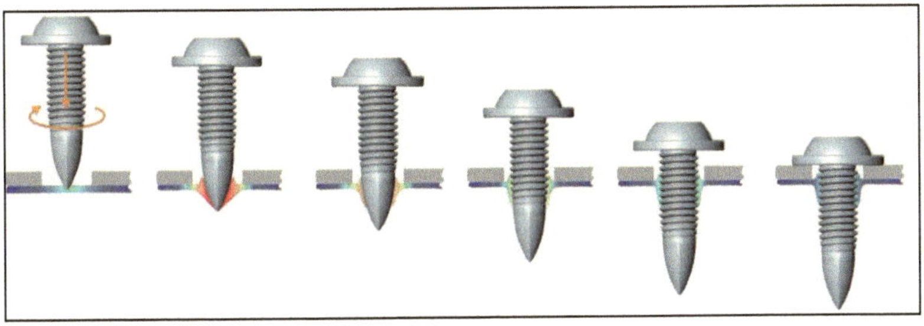

Abbildung 17: Vorgehensweise bei der FDS-Verschraubung
(Quelle: EJOT 2011)

Durch diese Art der Verschraubung können beispielsweise 4 mm Aluminiumbleche oder 2 mm Stahlbleche ohne Vorbohren miteinander verbunden werden. Sollen höherfeste Verbindungen gefügt werden, können Produktionsroboter genutzt werden. Ab einem gewissen Härtegrad kann es allerdings zu einer Beeinträchtigung der Beschichtung des Materials kommen. Dieser Effekt ist der hohen Temperatur beim Eindringen ins Material zuzuschreiben. Eine weitere Auswirkung beim Einsatz zu harten Materials kann das Versagen der Schraube darstellen. Trotz den genannten Nachteilen verfügen fließlochformende Schrauben über ein großes Potenzial für den Leichtbau. Sie sind an neue Bauformen angepasst und auch in Bereichen schlechter Zugänglichkeit einsetzbar. Zusätzlich handelt es sich um ein automatisiertes Fügeverfahren, welches durch Leichtbaumaßnahmen verursachte Kosten durch günstigere Prozesskosten ausgleichen kann. Kommt es zum Reparaturfall, kann die Schraube leicht entfernt werden und ist durch eine metrische Schraube ersetzbar. Flow-Drill-Schrauben (FDS) schließen mit ihrer innovativen Idee eine Lücke bei den Fügeverfahren (Venier 2007, S. 36).

3 Strukturierte Bleche

Der Begriff strukturierte Bleche impliziert, dass es sich um Halbzeuge handelt, dessen Gestalt, Oberfläche oder Zusammensetzung von einer Struktur geprägt ist. Die in dieser Arbeit betrachteten Bleche besitzen eine eingeprägte Struktur und sind daher vom Aussehen her strukturiert. Eine passende Definition für diese Art Blech ist die nach Hoppe. Sie sagt: „strukturierte Bleche sind flächige Leichtbaustrukturen, bei denen … Blechkomponenten durch Nebenformelemente versteift worden sind.“ (Hoppe 2002, S. 13). Die eingebrachten Nebenformelemente werden auch als geometrische Einheiten bezeichnet. Diese bilden durch wiederkehrende geometrische Formen wie Kegelstümpfe, Pyramidenstümpfe oder Kugelkalotten in ihrer Gesamtheit Strukturformen. Je nach Ausprägung der Struktur ergeben sich unterschiedliche Eigenschaften für das Blech. Durch Variation der Anordnung, Abmessung und geometrischen Form der Elemente lassen sich die größten Effekte erzielen. Bei der Anordnung kann beispielsweise zwischen regelmäßig und unregelmäßig sowie in symmetrisch zur Blechmitte und unsymmetrisch zur Blechmitte unterschieden werden. Abbildung 18 zeigt eine mögliche Zuordnung bekannter strukturierter Bleche (Hoppe 2002, S. 13).

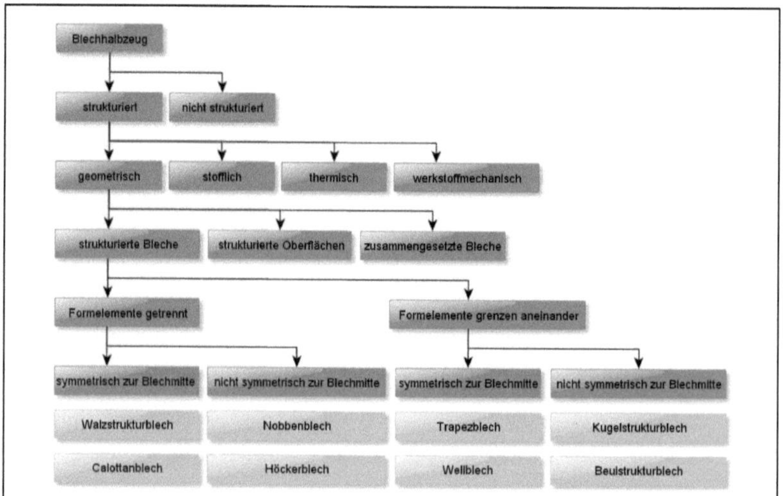

Abbildung 18: Klassifizierung strukturierter Bleche

(Quelle: Hoppe 2002, S. 14)

Der Nutzen strukturierter Bleche ergibt sich aus dem Effekt, der durch das Einbringen von Nebenformelementen entsteht. Aufgrund der Struktur erhöht sich die Steifigkeit des Bleches und somit das Potenzial, Material in Form einer Blechdickenreduzierung einzusparen. Die Ursache für diesen Effekt ist zum einen die Verfestigung des Bleches durch den Strukturierungsprozesses und zum anderen die Gestalt der eingeprägten Formelemente. Durch Strukturierung lässt sich gezielt eine Verbesserung der Bauteileigenschaften hinsichtlich mehrerer Faktoren umsetzen. In Abbildung 19 sind die wesentlich angestrebten Effekte von strukturierten Blechen abgebildet (Sterzing 2005a, S. 47).

Abbildung 19: Mögliche Effekte durch Nebenformelemente im Blech
(Quelle: Sterzing 2005a, S. 48)

Bleche mit eingeprägter Struktur sind seit längerem bekannt. Der sich aus ihnen ergebende Nutzen wurde jedoch nicht von Anfang an ausgeschöpft, da der Einsatz als Designelement die Anwendung als Leichtbauwerkstoff überwog. Die Fertigung war zu Beginn auf das Prägen einzelner Blechtafeln beschränkt. Durch lange Fertigungszeiten und hohe Preise wurde so ein wirtschaftlicher Einsatz behindert. Aufgrund von neu entwickelten, kontinuierlichen Tiefziehmethoden ist eine Herstellung vom Coil in wirtschaftlicher Massenproduktion umsetzbar. Die Vielzahl positiver Eigenschaften in Verbindung mit einem günstigen Preis haben strukturierte Bleche zu einer ernsthaften Alternative im automobilen Leichtbau gemacht (Simon 2005, S. 66).

3.1 Beulstrukturblech

Dr. Frank Mirtsch hat in den 70er Jahren den Effekt der Selbstversteifung von Wölbstrukturen entdeckt und gründete zur weiteren Erforschung die Dr. Mirtsch GmbH. Die von ihm entwickelte Wölbstrukturierungstechnik sollte die Nachteile der bekannten Herstellungsverfahren von Strukturen nach Möglichkeit vermeiden. Beispielsweise wollte er das weitere Umformen des strukturierten Halbzeugs einfacher gestalten. Mit seiner Wölbstruktur lassen sich im Vergleich zu anderen Strukturen auch komplexe Bauteilgeometrien umsetzen. Wie andere strukturierte Halbzeuge haben auch die von ihm strukturierten Bleche eine höhere Steifigkeit als herkömmliche glatte Bleche. Zur Herstellung dient ihm ein Walzprozess mit zwei unterschiedlichen Walzen. Das umzuformende Blech wird gleichzeitig zwischen einer Werkzeugwalze und einer Elastomerwalze durchgeschoben. Das Werkzeug bringt die Struktur auf das Blech und die Elastomerwalze sorgt für einen elastischen Gegendruck. Während des Verfahrens kommt es zu keiner großflächigen Plastifizierung, daher wird eher vom Falten als vom herkömmlichen Umformen gesprochen. Die entstandene Krümmung des Halbzeugs wird im späteren Verlauf durch eine Anordnung von Richtwalzen beseitigt. Abbildung 20 zeigt ein wölbstrukturiertes Blech sowie das Verfahren (Sterzing 2005b, S. 28).

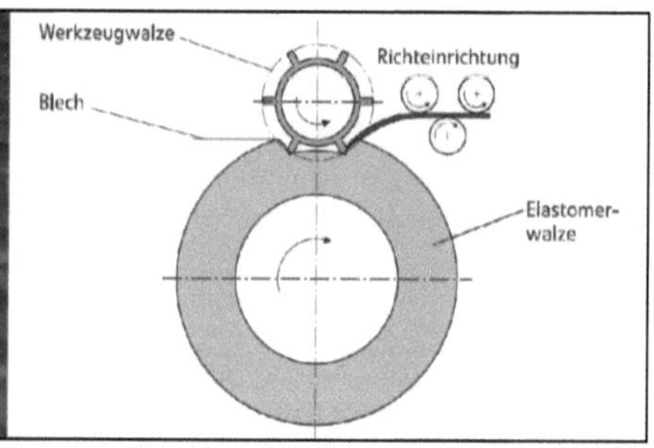

Abbildung 20: Wölbstrukturiertes Blech und Herstellungsverfahren
(Quelle: Sterzing 2005b, S. 29)

Durch die weitere Erforschung des Strukturierungsverfahrens konnten Erkenntnisse gewonnen werden, die die Qualität des Halbzeugs steigern. Diese, sich direkt auf die Güte auswirkenden Aspekte des Verfahrens sind mittlerweile umgesetzt und machen den Einsatz von wölbstrukturierten Blechen in der Industrie erst möglich. Aufgrund der erhöhten Kraftaufnahme durch das Blech müssen beispielsweise bei weiteren Umformprozessen die Niederhalterkräfte höher angesetzt werden. Ein Resultat dieser

Erkenntnis ist die Vermeidung von Falten an den Randzonen. Weiterhin ist zu beachten, dass ein ausreichend breiter Ziehspalt vorhanden ist. Dieser ermöglicht einen problemlosen Einzug des Halbzeugs in das Werkzeug. Um an kritischen Stellen ein Versagen des Materials auszuschließen, macht es Sinn, die Stege zwischen den Wölbungen aufzubiegen. Dadurch ist mehr Material vorhanden und es kommt nicht zum Reißen des Werkstoffs. Neben diesen umformtechnischen Grundlagen gibt es ebenso Methoden die helfen, eine maximale Versteifung des fertigen Bauteils zu erreichen. Die höchste Steifigkeit wird bei Bauteilen mit großen, ebenen Flächen erreicht. Hierbei sollte besonders auf die Orientierung der Struktur geachtet werden. Falls ein Aufbiegen der Wölbstruktur nötig sein sollte, ist dies auf die wenige Stellen zu beschränken. Bei fachgerechter Umsetzung sind vielfältige Lösungsansätze für Leichtbaukomponenten aus wölbstrukturierten Blechen denkbar. Neben dem Leichtbaugedanken wurden die Halbzeuge der Dr. Mirtsch GmbH schon in zahlreichen Produkten der verschiedensten Branchen genutzt. In Abbildung 21 ist eine Auswahl von Anwendungen mit wölbstrukturierten Blechen zu sehen (Sterzing 2005b, S. 30).

Abbildung 21: Rückwand SLK, Sportpalast, Waschtrommel, Hexalleuchte
(Quelle: Mirtsch 2011)

Die im Mercedes SLK verbaute Rückwand aus wölbstrukturierten Blech hat neben der Gewichtsoptimierung auch noch günstige Auswirkungen auf die Akustik im Fahrzeuginnenraum. Außerdem ist die Anordnung der Struktur so gewählt, dass sie den Kunden auf möglichst ansprechende Weise ins Auge fällt. Der Designaspekt kann gerade im Bereich Automotive einen zusätzlichen Pluspunkt für strukturierte Bleche bedeuten. Da die Struktur eine gleichmäßige Kraftaufnahme ermöglicht, ist zukünftig auch ein Einsatz für crashrelevante Bauteile denkbar. Die Vielzahl der Anwendungen resultiert aus den positiven Effekten die das Material aufweist (Mirtsch 2011, S. 17).

Ein Beispiel zur Erprobung der Tauglichkeit für Strukturbauteile im Automobilbau ist ein Fahrzeugboden, der mit Hilfe von wölbstrukturierten Blechen neu ausgelegt wurde. Der herkömmliche Boden bestand aus einer Aluminiumlegierung und hatte eine Dicke von 0,8 mm. Um das Bauteil aus strukturiertem Blech nachzuformen, mussten einige Änderungen an den Werkzeugen vorgenommen werden. Zum Beispiel wurden Sicken-

und sonstige Formelemente entfernt. Unter Berücksichtigung der notwendigen Anpassungen gelang es, ein Bodenblech aus wölbstrukturiertem Material zu fertigen. Das Bauteil und eine Tabelle mit den dazugehörigen Belastungskennwerten ist in Abbildung 22 dargestellt (Sterzing 2005b, S. 31).

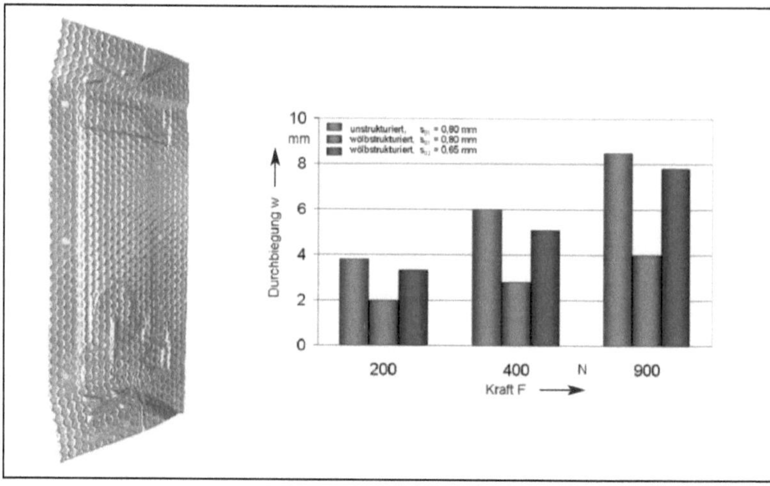

Abbildung 22: Bodenblech und Kennwerte für die Durchbiegung unter Belastung
(Quelle: Sterzing 2005b, S. 30)

Bei dem strukturierten Blech mit gleicher Blechdicke kam es zu einer um fünfzig Prozent reduzierten Durchbiegung. Es wurde demnach bei gleichem Materialaufwand eine Steigerung der Festigkeit des Bodenbleches erreicht. Selbst als die Dicke des strukturierten Bleches auf 0,65 mm verringert wurde, wies das Blech noch immer eine bessere Steifigkeit als das ursprüngliche Blech auf. Der Versuch zeigte die Möglichkeit, komplexe Bauteile aus wölbstrukturierten Blechen herzustellen und dabei die Vorteile der Struktur effektiv zu nutzen. Die Voraussetzung dafür sind Anpassungen bei der Gestaltung von Bauteilen, Werkzeugen und Prozessen (Sterzing 2005b, S. 31).

3.2 Höckerblech

Höckerbleche sind in der Regel aus glattem Halbzeug hergestellte strukturierte Bleche, welche durch eingeprägte Pyramidenstümpfe eine höckerartige Oberfläche bekommen. Als Verfahren bietet sich zwar das Tiefziehen an, jedoch wird bei dieser Herstellungsmethode kein hochwertiges Umformergebnis erzielt. Die Materialstärke im

Höckerboden wird zu gering, wodurch es zu Materialversagen kommen kann. Eine Alternative bietet das Hydroforming oder auch Innenhochdruckumformen. Statt einem Stempel wird ein flüssiges Wirkmedium vor das Blech gepumpt. Der Druck wird so lang erhöht, bis das Blech komplett ausgeformt ist. Durch den Einsatz eines flüssigen Mediums kommt es zu keinen Spuren an der Blechoberfläche. Es können daher Bleche mit hoher Oberflächengüte gefertigt werden. Das Verfahren ist ebenfalls für die Massenproduktion tauglich, da die Bleche endlos vom Coil umgeformt werden können. Dafür bedarf es lediglich eines taktweisen Vorschubs in der Presse. Die besondere Struktur kommt oft in Verbunden zum Einsatz, kann aber gleichfalls zum Auslegen einer Hohlstruktur genutzt werden. Der Ablauf beim Umformen ist in der folgenden Abbildung 23 schrittweise dokumentiert (Hoppe 2002, S. 23).

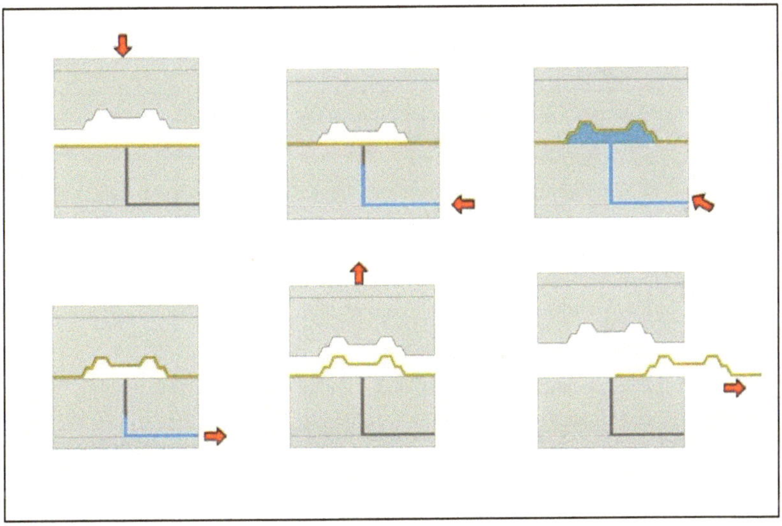

Abbildung 23: Innenhochdruckumformen
(Quelle: eigene Darstellung)

Ein Beispiel für eine Verbundanwendung ist die borit-Wabenplatte. Sie besteht aus zwei Höckerblechen, die passgenau ineinander gesetzt werden. Aufgrund der besonderen Form der Höcker passen die Strukturen der einen Platte genau in die Aussparungen der anderen. Um die Bleche zu fügen, eignen sich prinzipiell zwei Verfahren. Entweder werden die Bleche punktuell in den Höckerböden geschweißt oder auf der gesamten Kontaktfläche mit industriellem Kleber gefügt. Die Firma borit bietet Nebenformelemente in acht- oder sechseckiger Form an. Für Verbunde, die hohen

Belastungen ausgesetzt sind, empfiehlt sich die sechseckige Form. Aufgrund der sechseckigen Höcker tritt bei diesem Material der Effekt der Isotropie auf. Dadurch wird eine gleichmäßige Verteilung der Kraft in alle Richtungen ermöglicht und es besteht immer die gleiche Steifigkeit des Werkstoffs. Ein Einsatz als versteifende Kernlage in Sandwich-Verbundwerkstoffen bietet sich bei dieser Bauform an. Das einzelne Blech und ein Verbund sind in Abbildung 24 zu sehen (borit 2011, S. 2).

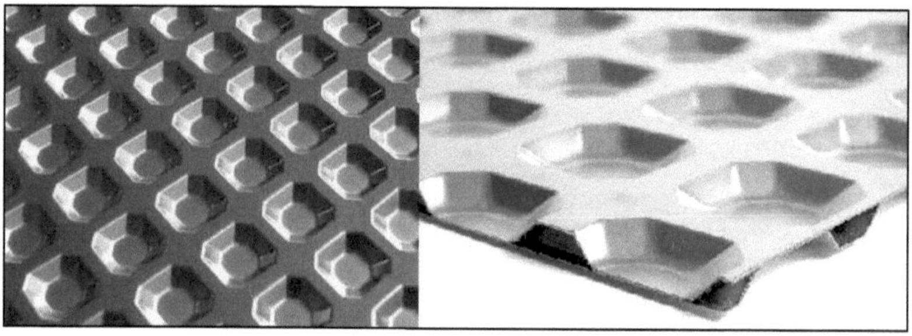

Abbildung 24: Borit - Höckerblech und - Wabenplatte
(Quelle: Borit 2011)

Die Vorteile der borit-Wabenplatte liegen zum einen in der hohen Beul-, Knick- und Biegesteifigkeit. Zusätzlich wirken die Bleche wärmeisolierend und sind beim Fügen mit elastischen Klebern geräuscharm. Auf Kundenwunsch ist eine Vielzahl unterschiedlicher Formen realisierbar. Eine alternative Bauweise aus Höckerblech sind Hohlstrukturen mit eingeschlossenen Luftpolstern. Diese sind besonders für Crashelemente geeignet. Sie besitzen eine hohe Quersteife und im Crashfall wird die Energie teilweise durch die eingeschlossene Luft gedämpft, wodurch es zu einer geringeren plastische Verformung kommt. Eine mögliche Anwendung ist der Schutz von Passanten, speziell durch die Fertigung von Motorhauben oder Schwellern aus diesem Material (borit 2011, S. 2).

3.3 Kugelstrukturblech

Ein Blech mit Kugelstruktur zeichnet sich durch eine wiederkehrende Folge von eingeprägten Kugelsegmenten aus. Es werden nicht ganze Halbkugeln eingeprägt, sondern nur ein Bruchteil dieser Halbkugeln. Sie werden als Kugelkalotte oder auch Kugelkappe bezeichnet. Das Tiefziehen mit Wirkmedien ist am geeignetsten zur Herstellung dieser Kugelstruktur. Durch den Einsatz des Wirkmediums findet eine bessere Ausgestaltung der Struktur statt. Bei der Kugelstrukturierung wird zuerst ein

Werkzeugkasten mit Kugeln der gewünschten Größe bestückt. Diese Kugeln bilden die Negativform für das Blech. Auf den Werkzeugkasten wird das zu strukturierende Blech entsprechend der Vorgaben ausgerichtet. Im ersten Schritt des Umformprozesses wird eine Vorspannung durch Einleiten einer Flüssigkeit in den Raum zwischen Elastomerstempel und Blech angelegt. Die Vorspannung sorgt für eine gleichmäßige Dehnung des Bleches vor dem endgültigen Umformschritt. Dieser wird durch den Elastomerstempel realisiert. Durch Druck auf den Stempel wird das Blech an die Kugeloberfläche gepresst und bildet die gewünscht Form aus. Eine Darstellung der Vorrichtung und ihrer einzelnen Bestandteile ist in Abbildung 25 zu sehen (Offenlegungsschrift: Patent DE 19821482 A1).

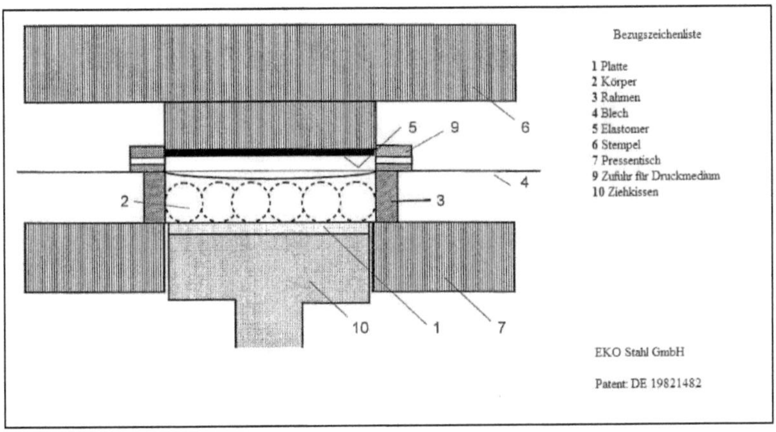

Abbildung 25: Vorrichtung zur Kugelstrukturierung
(Quelle: Offenlegungsschrift: Patent DE 19821482 A1)

Durch die Verwendung eines weiteren Satz Kugeln ist es möglich das Umformergebnis zu verbessern. Kleine Kugeln werden hierfür in die Zwischenräume der bereits gelegten Kugeln gesetzt. Durch diesen Schritt gelingt es, das Verwölben im Bereich der Kugelstege zu verringern. Das beste Ergebnis wird bei einem Einsatz von kleinen Kugeln, mit einer Größe im Verhältnis 1:3 zu den großen Kugeln, erzielt. Durch die Variation des Drucks und durch die Anordnung der Kugeln lassen sich vielfältige Strukturen ausbilden. Auch eine Teilstrukturierung von Bauteilen ist denkbar. In der Praxis werden kugelstrukturierte Bleche für Fassböden und Heizkörper verwendet (Hoppe 2002, S. 21-22).

3.4 Walzstrukturblech

Der Name dieses Halbzeugs ergibt sich aus dem Prinzip der Herstellung. Die Walzstrukturierung ist ein kontinuierliches Umformverfahren, bei dem ein glattes Blech durch ein Walzengestell geführt wird. Auf der Oberfläche der Walzen befinden sich in Reihen angeordnete Nebenformelemente. Diese haben meist eine Kegelform und daher werden die Walzen auch Stachelwalzen genannt. Die Anordnung der Walzen ist wie bei ineinandergreifenden Zahnrädern versetzt, wodurch im Wechsel die Ober- und Unterseite des Bleches strukturiert wird. Qualitative Unterschiede lassen sich durch Änderungen bei der Einprägtiefe und der Größe der Nebenformelemente erreichen. Eine Grundregel bei der Planung walzstrukturierter Bleche ist die Einhaltung des Verhältnisses von Blechdicke zu Strukturhöhe. Wird das Verhältniss von 1:10 überschritten, ist eine ausreichende Stabilität der Struktur nich mehr gegeben. Das Verfahren, das Endmaterial und ein Anwendungsbeispiel sind in der folgenden Abbildung 26 dargestellt (Hoppe 2002, S. 19-20).

Abbildung 26: Verfahren der Walzstrukturierung, NOPAL Bleche, Hitzeblech
(Quelle: Hoppe 2002, S. 19 / Diedrichs 2011)

Da es sich um ein kontinuierliches Verfahren handelt, können die Bleche laufend vom Coil gefertigt werden. Somit sind auch große Liefermengen, z.B. für die Automobilindustrie, denkbar. Als Grundmaterial sind Aluminiumbleche bis zu 2,0 mm und Stahlbleche bis zu 1,0 mm geeignet. Im Bereich der höherfesten Stahlbleche eignen sich Bleche bis zu einer Dicke von 0,6 mm. Die fertig umgeformten Bleche werden oft als Hitzeschutzblech genutzt, da sie aufgrund ihrer vergrößerten Oberfläche gut die Hitze abschirmen. Zusätzlich haben sie den Effekt der erhöhten Stabilität. Ein bekannter Hersteller für walzstrukturierte Bleche ist die Firma Diedrichs. Sie stellt zum Beispiel Bleche aus genopptem Aluminium oder Stahl her. Die Bezeichnung leitet sich aus dem Material ab. NOPAL-Blech ist demnach „geNOPptes ALuminium“ und NOSTAL „geNOppter STAhl“ (Hoppe 2002, S. 19-20).

4 Integration strukturierter Bleche im PKW

Die Voraussetzungen für eine erfolgreiche Integration von strukturierten Blechen als Leichtbauwerkstoff leiten sich zum Teil aus den Nachteilen des Halbzeugs ab. Aufgrund der negativen Eigenschaften ist ein Einsatz noch nicht für alle Bauteilgruppen im PKW denkbar. Zu komplexe Umformschritte sind mit dem strukturierten Halbzeug nicht realisierbar. Daher beschränkt sich die Anwendung auf großflächige, ebene Bauteile oder nicht allzu komplizierte Bauteilstrukturen. Neben der eingeschränkten Umformbarkeit ist eine Erhaltung der Struktur erforderlich, um die gewünschte Stabilität zu erreichen. Wird die Struktur ungünstig unterbrochen, kann das zu einer Minderung der Steifigkeit des Bauteils führen und im schlimmsten Fall zu Materialversagen. Basierend auf dem Motiv der Mischbauweise sollten die Bleche lediglich dort eingesetzt werden, wo sie den größtmöglichen Nutzen erzielen. Das Hauptargument für den Einsatz ist die Steifigkeit und eine mögliche Materialdickenreduzierung. Neben diesem Leichtbauaspekt sind ebenso andere positive Effekte an strukturierten Blechen beobachtbar. Je nach Ausprägung des Halbzeugs bieten sich weitere Einsatzpotenziale als Designelement, Geräuschdämmung und Hitzeschutzblech. Durch Kombination von mindestens zwei Vorteilen erfolgt eine deutliche Einschränkung des Einsatzgebiets. Wird das strukturierte Blech als Verbindung von steifigkeitsoptimiertem Bauteil und Element zur Wärmeableitung genutzt, bietet es sich beispielsweise als Hitzeschutzblech im Motorraum oder als Auskleidung für den Abgasanlagenschacht an. Um sich erfolgreich gegen alternative Werkstoffe durchsetzen zu können, macht es Sinn den Einsatzort richtig zu wählen. Es sollte eine Vielzahl von Potenzialen am Bauteil ausgenutzt werden. Neben der genannten Perspektive für strukturierte Bleche ist eine Integration des Halbzeugs in andere Technologien denkbar. Eine Verbundbauweise aus Höckerblech oder Beulstrukturblech mit Metallschaum- oder Polymerkern ergibt ein außerordentlich steifes Material. Der Einsatz als Teilplatine in Tailored Blanks oder als lokale Verstärkung in Patchwork Blanks entspräche einer optimalen Anpassung an moderne Fertigungsverfahren im Automobilbau. Die fügetechnischen Grundlagen für strukturierte Bleche sind in der Automobilindustrie ausreichend vorhanden und stellen kein Hindernis für eine erfolgreiche Integration dar. Gängige Verfahren wie Kleben, FDS-Verschraubungen, Punktschweißen und Lasertechnologie sind auf strukturierte Halbzeuge anwendbar.

4.1 Motorhaube

Ein geeignetes Bauteil für den Einsatz von strukturierten Blechen ist die Motorhaube. Es handelt sich um ein ebenes, flächiges Bauteil und bietet aufgrund seiner Größe Kapazitäten für die Einsparung von Gewicht. Das strukturierte Blech könnte als versteifende Lage unter der Außenhaut eingebracht werden. Bisher werden überwiegend Querstreben zur Versteifung der Fläche genutzt. Durch gezielte Auslegung der Struktur könnten positive Effekte für den Fußgängerschutz erzielt werden. Die Anordnung der Nebenformelemente führt zu verbesserten Eigenschaften der Motorhaube im Crashfall. Im Fall eines Aufpralls trifft der Kopf des Unfallopfers oft auf die Motorhaube. Die häufigste Maßnahme zum Schutz von Personen ist die Schaffung von Platz, um eine Verformung des Materials zu gewährleisten. Die Aufprallenergie kann so in Verformungsenergie umgewandelt werden und das Material absorbiert den Aufprall.

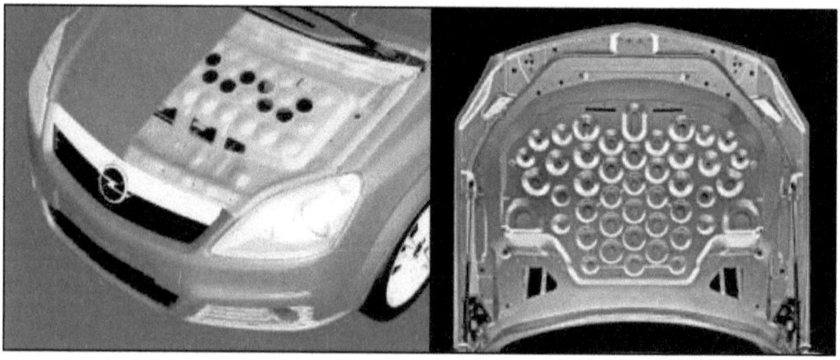

Abbildung 27: Motorhauben des Opel Zafira B-Modell und Mercedes Benz SL
(Quelle: Stahl-Info 2011 / The Car Connection 2011)

Eine Struktur ermöglicht eine gleichmäßigere Absorption der Energie und kann somit zusätzlich vor schweren Schäden am Kopf schützen, da die Verformung vor einem zu tiefen Eindringen in den Motorraum gestoppt wird. Eine Beispielanwendung findet sich im Opel Zafira der zweiten Modellreihe aus dem Jahr 2005. Die Unterkonstruktion der Motorhaube war mit einem so genannten „Muffin-Tin"-Blech ausgelegt. Dieses erinnert stark an eine Kugelstruktur und bot durch seine spezielle Anordnung einen hohen Schutz vor schweren Kopfverletzungen im Falle eines Frontalaufpralls von Fußgängern. Eine ähnliche Konstruktion findet sich bei dem neuesten Modell des Mercedes Benz SL, geplant für 2012. Auch hier wird eine Kugelstruktur in die Unterkonstruktion der Motorhaube eingebracht. Beide Motorhauben sind in Abbildung 27 zu sehen. Der positive Effekt, der sich durch den Einsatz einer derartigen Struktur erzielen lässt, scheint demnach durch die Automobilbranche wahrgenommen worden zu sein.

4.2 Hitzeschutzblech

Ein weiteres Einsatzgebiet für strukturierte Bleche bieten Hitzeschilde im Bereich des Abgasanlagenschachts. Am Besten geeignet für diese Aufgabe sind dünne Bleche in Verbindung mit einer Dämmschicht. Das Blech reflektiert einen Teil der Wärmestrahlung und die Dämmung schützt vor einem Eindringen in den Fahrzeuginnenraum. Durch den Einsatz von strukturiertem Blech lässt sich die Wirkung des Schildes gegebenenfalls erhöhen. Aufgrund der Struktur bietet das Blech eine größere Oberfläche, um die Wärme wieder abzugeben. Zusätzlich kann das Material, aufgrund der erhöhten Stabilität dünner gestaltet werden. Strukturierte Bleche werden schon seit einiger Zeit in Verbindung mit Hitzeschutzelementen genutzt. Eine neue innovative Lösung bietet das „Rimic-System" der Firma Autoneum. Das Unternehmen verbindet Hitzeschutz mit Schallisolation und hat ein strukturiertes Hitzeschild mit Mikroperforation entwickelt. Die Perforationen ermöglichen einen Luftaustausch zwischen den Bereichen vor und hinter dem Blech. Dadurch wird eine schnellere Abkühlung des Bleches und somit der gesamten Abgasanlage erreicht. Extra Dämmschichten sind nicht mehr erforderlich und es kommt zu einer zusätzlichen Gewichtseinsparung. Abbildung 28 zeigt das Einzelblech und die eigebaute Lösung.

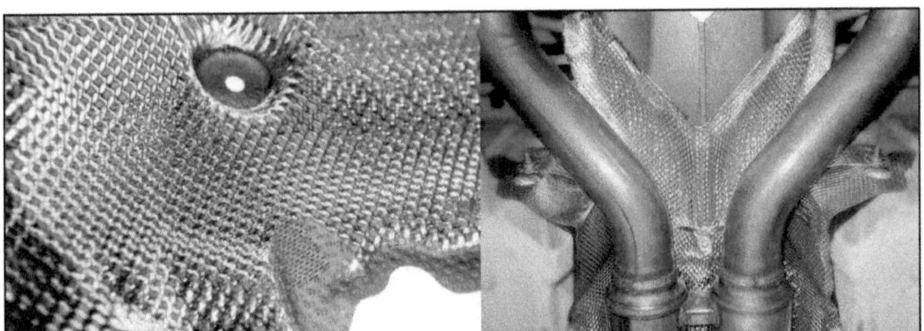

Abbildung 28: Rimic Hitzeschutzblech
(Quelle: de Ciutiis 2011, S. 1)

Die Perforation beinhaltet einen weiteren Effekt. Das Eindringen des Schalls in den Bereich hinter dem Hitzeschild sorgt für eine akustische Dämmung des Schallpegels. Mittels gezielter Perforation lässt sich die Geräuschkulisse des Motors wirksam herabsetzen. Aufgrund dieser Vielzahl von positiven Eigenschaften ist dieses Blech nicht ausschließlich für den automobilen Leichtbau sondern ebenfalls für effektiven Hitze- und Schallschutz geeignet. Das „Rimic-System" ist ein gutes Beispiel für den Einsatz strukturierter Bleche im PKW (de Ciutiis 2011, S. 1).

4.3 Kofferraumboden

Ein Bauteil, welches ausschließlich den Effekt der erhöhten Steifigkeit an strukturierten Blechen ausnutzt, ist der Kofferraumboden. Die eingebrachte Struktur führt zu einer Erhöhung der Stabilität und bietet dadurch eine Möglichkeit, den Boden dünner zu gestalten. Es ist aber ebenso eine Steigerung der Steife ohne Materialdickenreduzierung denkbar. Äußeren Einflüssen, wie Steinschlägen oder Auffahrunfällen, kann somit besser begegnet werden. Das Material verfügt durch die Struktur über eine verbesserte Energieabsorbtion und kann dadurch eine Verformung minimieren. Für Crashs von hinten bedeutet das eine erhöhte Sicherheit für die Insassen. Ein Beispiel für diesen Anwendungsfall bietet das neuste Modell des Mercedes Benz SL, geplant für 2012. Das Fahrzeug und der mit Wölbstruktur ausgelegte Kofferraumboden werden in Abbildung 29 gegenübergestellt.

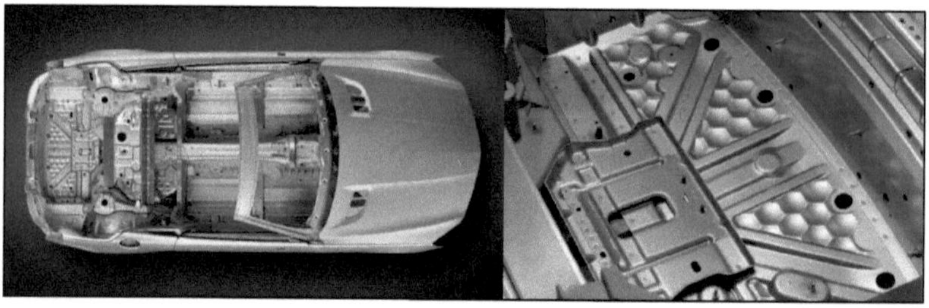

Abbildung 29: Rohkarosserie des Mercedes Benz SL
(Quelle: The Car Connection 2011)

Im Bereich des Kofferraums wird die Wölbstruktur nur partiell eingebunden. Sie ist durch Sickenelemente, die in der Randzone zur Fahrerkabine aufeinander treffen, verstärkt. Die Kombination von strukturiertem Blech mit längs verlaufenden Sicken erhöht die Stabilität längs zur Aufprallrichtung. Das führt dazu, dass im Falle eines Crashs die Aufprallenergie auf die gesamte Konstruktion umgeleitet wird und dadurch besser absorbiert werden kann. Eine Lösung mit strukturierten Blechen schließt alternative Verfahren demnach nicht gleich aus. Die Kombination mit bewährten

Techniken kann zu einem verbesserten Ergebnis beim Einsatz strukturierter Bleche im PKW führen.

5 Zusammenfassung

Strukturierte Bleche haben generell ein hohes Potenzial für den Einsatz im PKW. Der Leichtbaugedanke steht hierbei an erster Stelle. Es existieren zwar leichtere Materialien, aber für Bauteile, die besonderen Belastungen ausgesetzt sind, eignen sich strukturierte Bleche aus Aluminium oder Stahl besser. Gerade in Strukturbauteilen lässt sich der Effekt der erhöhten Stabilität zur Materialdickenreduzierung und somit zur Gewichtssenkung optimal nutzen. Neben dem Leichtbauaspekt kann eine gesteigerte Stabilität auch für crashrelevante Bauteile genutzt werden. Die Struktur ist in der Lage die Aufprallenergie zu absorbieren und dadurch die Knautschzone zu verringern. Bisher ist die Umsetzung nur für nicht allzu komplexe Bauteile denkbar, was eine deutliche Einschränkung in diesem Einsatzgebiet darstellt. Für eine möglichst breite Anwendung von strukturierten Blechen empfiehlt sich die Ausnutzung zusätzlicher Effekte neben der erhöhten Stabilität. Die Kombination von Steife und verbesserter Akustik ermöglicht einen vielfältigen Einsatz für Bleche im Bereich der Fahrerkabine. So lässt sich neben einer Gewichtsreduktion ebenso eine Schallisolation erzielen. Die Kombination von Steife und Wärmeisolation ist ebenfalls denkbar. Im Bereich der Hitzeschilde im Motorraum und Abgasanlagenschacht sind diese Effekte äußerst vielversprechend. Zuletzt sollte noch der Nutzen als Designelement in Verbindung mit erhöhter Steifigkeit erwähnt werden. Da die Fahrzeugaußenhaut bevorzugt glatt ausgelegt wird ist der Einsatz hier eher unwahrscheinlich. Jedoch sind Unterkonstruktionen als Bauteile denkbar. Im Bereich der Motorhaube, Heckklappe und im Fahrzeugdach bieten strukturierte Bleche Potenziale zur Gewichtseinsparung und für neuartiges Design. Es ergeben sich vielfältige Einsatzmöglichkeiten für das in dieser Arbeit untersuchte Halbzeug. Um diese Möglichkeiten effektiv nutzen zu können, ist eine weitreichende Untersuchung hinsichtlich der Umformverfahren für die weiteren Umformschritte erforderlich. Ein uneingeschränkter Einsatz ist erst denkbar, wenn ein gewisser Wissensstand für das Material vorhanden ist. Erst dieser ermöglicht die Realisierung von standardisierten Verfahren und Techniken für eine effiziente und wirtschaftliche Produktion.

Literaturverzeichnis

ATZ (2011): Technische Highlights im Porsche Panamera. URL: http://www.atzonline.de/Aktuell/Galerie/567.html, 07.11.2011.

Autohaus (2011): Neuer Mercedes SL mit Alukarosserie. URL: http://www.autohaus.de/fm/springer_fachmedien_01.a.4436.de/sixcms_filename/MB_SL_Alu_N2.jpg, 27.11.2011.

BASF (2011): Multifunktionaler Leichtbau - Faserverstärkter Kompositrahmen. URL: http://www.smartforvision.basf.com/#faserverstaerkter_kompositrahmen, 09.11.2011.

Baumeister, Joachim; Stöbener, Karsten (2007): Schaumschläger aus Alu - Geschäumte Metalle für den Leichtbau und zur Dämpfung. In: ke - Konstruktion & Engineering. 10/2007, S. 44-45.

Borit (2011): Innovationen in Technik, Effizienz und Design. In: Firmenbroschüre, URL: http://www.borit.de/index.htm, 16.11.2011.

Carbodydesign (2011a): Lamborghini Aventador LP 700-4. URL: http://www.carbodydesign.com/media/2011/03/Lamborghini-Aventador-LP-700-4-Monocoque-and-chassis.jpg, 18.11.2011.

Carbodydesign (2011b): Audi R8: The Design. URL: http://www.carbodydesign.com/archive/2007/01/22-audi-r8-design/Audi-R8-Space-Frame-2-lg.jpg, 28.05.2011.

Casajus, A.; Hartmann, H.; Kleiner, M.; Rauer, J.; Schmolke, B. (1999): Werkzeug zur Herstellung strukturierter dünner Bleche, Offenlegungsschrift: Patent DE 19821482 A1

de Ciutiis, Hermann (2011): Mikroperforiertes Hitzeschild optimiert Akustik im Motorraum. In: Automobil Konstruktion 2011, S. 1.

Diedrichs (2010): Ein Hauch von Blech. URL: http://guc.biz/de/diedrichs/item/ein-hauch-von-blech , 22.11.2011.

Eckstein, Lutz; Ickert, Leif; Goede, Martin; Dölle, Norbert (2011): Leichtbau-Bodengruppe mit Verstärkungen aus CFK und GFK. In: ATZ. 04/2011 113. Jahrgang, S. 260.

EJOT (2011): EJOT FDS - die sichere Verbindung für Bleche aus Stahl und Aluminium. URL: http://ejot.de/ejot.de/FDS--2837.htm, 07.11.2011.

Frauenhofer Institut (2011a): Metallschaum – eine Zukunft im Metallbau ?. URL: http://www.vpi-bw.com/ingenieure /bad_2008/4_Rausch.pdf, 23.11.2011.

Frauenhofer Institut (2011b): Potenzielle Einsatzgebiete für Metallschaum im PKW. URL: http://www.iwu.fraunhofer.de /schaumzentrum/beispiele-fahrzeugbau.htm, 27.11.2011.

Frauenhofer Institut (2011c): Advanced Pore Morphology (APM) Metallschäume. URL: http://www.ifam.fraunhofer.de/2801/leichtbauwerkstoffe/metallschaeume/apm schaum /apm-foam-de.pdf, 25.11.2011.

Friedrich, Horst; Treffinger, Peter; Kopp, Gundolf; Knäbel, Harald (2008): Werkstoffe und Bauweisen ermöglichen neue Fahrzeugkonzepte. In: Schindler, Volker; Sievers, Immo (Hrsg.): Forschung für das Auto von Morgen, Heidelberg 2008, S. 301-347.

Gerstl, Theo (2011): Hybridmaterialien im Karosseriebau. In: Automobil-Produktion. 01/2011, S. 56-57.

Goroncy, Jürgen (2011): Leichtes Sandwich aus Stahl und Kunststoff für die PKW-Mittelklasse. In: VDI Nachrichten. 10/2011, S. 8.

Handge, Lothar (2008): Gegensätze vereint. In: Maschinen Markt. 08/2008, S. 114.

Hoppe, Marion (2002): Umformverhalten strukturierter Feinbleche. Diss. Cottbus, Berlin 2002.

Klein, Karl (2000): Numerische Modellierung des Pulverpressens und Sinterschmiedens von Magnesiumlegierungen. In: VDI Fortschritt-Berichte, Nr. 561.

Kleiner, S. (2002): Magnesium und seine Legierungen, 1.Auflage, Zürich In: 6. Internationales IWF Kolloquium 2002.

Klose, Peter (2010): Ganzheitlicher Leichtbau fordert Technik und Management. In: Automobil Industrie. 203/2010, S. 17.

Korves, Lukas; Mohrbacher, Hardy (2003): Tailored Blanks – optimierte Bleche für den Automobilbau. In: ThyssenKrupp techforum. 12/2003, S. 31.

Kress, Dieter (2011): Energieeffizienz und Ressourcenschonung erfordern neue Lösungswege. In: Maschinen, Anlagen, Verfahren. Heft 5 2011, S. 64.

KSM Castings (2010): VarioStruct - Hochintegrative Leichtbauverbundgussstrukturen im Karosserierohbau. URL: http://www.alumag.de/downloads/Roadshow-2010-KSM%20Castings-Vortrag%20VarioStruct%20Verbundguss-Strukturen.pdf, 18.11.2011.

KUES-Magazin (2011): Voll im Clinch - Karosseriebau bei Audi setzt auf Aluminium-Spaceframes. URL: http://www.kues-magazin.de/bilder/artikelfotos/28-ASF-Audi-A8.jpg, 21.11.2011.

Kurek, Rainer (2011): Karosserie-Leichtbau in der Automobilindustrie, 1.Auflage, Würzburg.

Lang, Thomas (2011): Grundlagen der Automobiltechnik, 1.Auflage, Stuttgart.

Liedtke, Bernd (2002): Faserverbundkunststoff/Metall-Hybridstrukturen im PKW-Rohkarosseriebau, 1.Auflage, Düsseldorf.

Lorek, Fritz (2011): Neue Rollen für Magnesium In: Automobil Produktion. 01/2011, S. 50-51.

Metalfoam (2011): Bearbeitung - Randabschlüsse. URL: http://metalfoam.de/bearbeitung/, 02.11.2011.

Mirtsch, Frank (2011): Bionische Wölbstrukturen für Effektive Leichtbauprodukte. Präsentation, 23.03.2011.

Ostermann, Friedrich (2007): Anwendungstechnologie Aluminium, 2. Auflage, Berlin.

o.V. (2011): Three Phase Nano-Stähle 900 MPa fest und gut umformbar. In: Industrieanzeiger. 04/2011, S.45.

Pinder (2011): Ersatzteile - Karosserie. URL: http://www.pinder.at/ersatzteile/images/karosserie.jpg, 02.11.2011.

Röcker, Oliver (2008): Untersuchung zur Anwendung hoch- und höchstfester Stähle für walzprofilierte Fahrzeugstrukturkomponenten. Diss. Berlin, Berlin 2008.

Rosenow, Jan (2011): Neue Werkstoffe im Karosseriebau. In: Kfz-Betrieb. 40/2011, S. 354.

Ruge, Jürgen; Wohlfahrt, Helmut (2007): Technologie der Werkstoffe, 8. Auflage, Wiesbaden.

Scalight (2011): Leichtbau mit Magnesium - Herstellung. URL: http://www.scalight.de/deutsch/tech_magnesium.html, 08.11.2011.

Simon, Sylvio (2005): Werkstoffgerechtes Konstruieren und Gestalten mit metallischen Werkstoffen. Habil. Cottbus, Cottbus 2005.

Stahl-Info (2011): Leichtbaulösungen für Autos - technische Innovationen dienen dem Klimaschutz URL: http://www.stahl-info.de/stahlinnovationspreis/stahl_schafft _erfolge/ erfolgsgeschichte_opel_zafira.asp, 28.11.2011.

Sterzing, Andreas (2005a): Bewertung von Leichtbaupotenzial und Einsatzfähigkeit wölbstrukturierter Feinbleche. Diss. Chemnitz, Zwickau, 2005.

Sterzing, Andreas (2005b): Bleche mit Wölbstruktur. In: Blech InForm. 03/2005, S. 28-31.

Stumpp, Barbara (2011): Verbindungstechnik - Kleben statt Schweißen. In: Automobil Produktion. 06/2011, S. 62-63.

The Car Connection (2011): 2013 Mercedes-Benz SL Class – Review URL: http://www.thecarconnection.com/overview/mercedes-benz_sl-class_2013, 28.11.2011.

ThyssenKrupp (2011a): Längsträger aus TPN-W 780. URL: http:// incar.thyssenkrupp.com/4_04_000_Laengstraeger_vorn.html?lang=de, 24.11.2011.

ThyssenKrupp (2011b): Tailored Products. URL: http://www.thyssenkrupp-steel-europe.com/de/produkte/gesamt_lieferprogramm/tailored_products.jsp (07.11.2011)

Variostruct (2011): Variostruct - Querträger. URL: http://www.variostruct.com /index.php?id=34&L=0&tx_inverisimagechange_pi1[id]=3&tx_inverisimagechange_pi 1[image]=typo3temp%2Fpics%2F27824c9732.jpg, 18.11.2011.

Venier, Frank (2007): Tragende Leichtgewichte. In: Konstruktionspraxis. 09/2007, S. 36.

Vollrath, Klaus (2004): Das Automobil bewegt die Stahl-Innovation. In: VDI Nachrichten. 11/2004, Heft 45, S. 28.

Wallentowitz, Henning; Freialdenhoven, Arndt; Olschewski, Ingo (2009): Strategien in der Automobilindustrie, 1.Auflage, Wiesbaden.